京都派

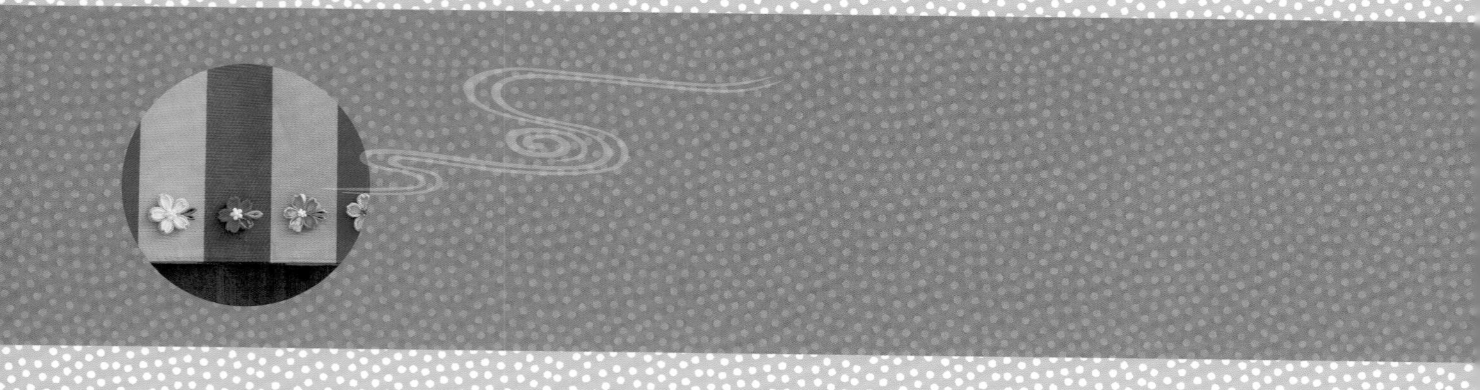

京都派

京都流美學手作
雅緻の和風布花
日常創作集

前言

還記得第一次接觸和風布花，正是適逢小女歡度女兒節之時。即便本人並不擅於針線活兒，但想為女兒親手作個什麼的想法，就成了最初的契機。生平第一個完成的縮緬布花雖然外型乏善可陳，但我仍依稀記得那渾圓的可愛模樣！

本書以傳統作法為本，收錄大量我總是在研習會中傳達給大家的理念「任誰都能輕鬆完成的訣竅」。不論是特別的日子或日常的裝扮，和風布花總能為你帶來許多樂趣。我想，若能透過本書將手作布花的樂趣傳遞給更多的人認識，肯定會是件值得開心的事。

請你也一起將所有的心意投入這3cm²的布片中吧！

土田由紀子

つゆくさ

がま口屋
まつひろ
上七軒
8月4日(日)
上七軒盆踊
松井

Contents

1
2
3
4
5

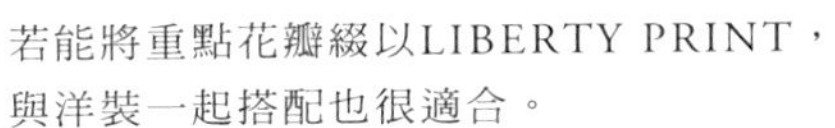
若能將重點花瓣綴以LIBERTY PRINT，
與洋裝一起搭配也很適合。

別上一朵縮緬質感的櫻花，
就顯得格外楚楚可人。

花朵三角髮夾&蝴蝶三角髮夾

這是一款會為了搭配不同服裝，讓人忍不住想多作幾個的髮夾設計。因布片&串珠的配色會呈現截然不同的風貌，建議不妨多嘗試幾種組合變化。

作法／p.21
捏法／1.4→p.18「二重の圓撮」、2→p.20「櫻花」、3.5.6→p.24「基本の劍撮」
材料／p.66

花朵髮圈

為了補強纖細的和風布花，以包釦作為底座。選用細鬆緊繩作為髮圈，比較不會對小朋友的頭髮造成負擔。

作法／p.66
捏法／7.8.10.11→p.24「基本の劍撮」、9→p.26「二重の劍撮」

從眾多色彩中，
挑選一個喜愛的顏色。

布製花飾質輕柔軟，
相當適合小朋友使用。

結球玫瑰髮夾

小玫瑰綴飾的髮夾即使別在大人身上，也顯得自然可愛。搭配自己中意的顏色，就能玩出各種不同的風格。

作法／p.67
捏法／p.32「結球玫瑰」、p.36「裡返葉片」

古典式樣の項鍊&耳環

增加花瓣數，作出帶有典雅風味的花朵。製作小朵花樣時，建議選用LIBERTY PRINT的Tana lawn（高級細棉布）較易捏撮，以使作品更臻完美。

作法／p.67
捏法／p.16「基本の圓撮」

以更輕鬆簡單的心情&更隨手可得的素材，體驗和風布花的捏攝樂趣吧！

起初開始製作和風布花，是從給女兒的髮飾玩起。

然而某日，試著把和風布花別在了自己的頭髮上；接著又有一天一時興起，作了一條項鍊……沒想到原本給人類似「日式風」或「重要節日」，這類較高門檻形象的和風布花，居然和一般日常的便服也極為諧調。或許是因為沒使用和式布料，而是利用我們身邊唾手可得的棉布或亞麻布的緣故吧！

和風布花是一種只需要小小的工作空間，利用身邊現成的材料即可完成的手藝品。在客廳咖啡桌上一邊與家人閒聊、與朋友喝茶的時光……

不論是手捏和風布花或配戴在身上，相信都能帶給大家多一分的悠閒自在。祈望這項兼具美&樂趣的日式手作，能讓大家懷抱著更期待的心情迎接每天的裝扮。

Chapter1 撮花練習帖

p.16至p.34の作品材料／p.77

準備工具

利用家中現有的工具或材料來取代專業用具，輕輕鬆鬆的捏製出和風布花吧！
此章節，將介紹在tsuyutsuki研習班中常備的工具&材料。

【作業套組】整個作業流程中使用。

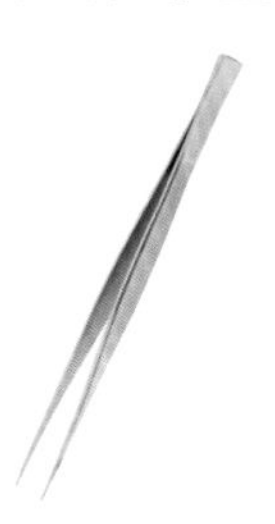

鑷子
捏攝花瓣&製作花形時使用。推薦前端較尖、內側無附防滑墊的款式。

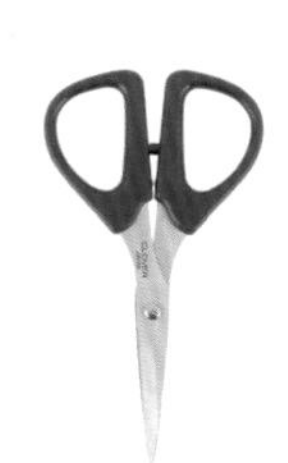

剪刀
處理布邊或剪裁底座布片時所使用的布剪。請使用前端細長且銳利的剪刀。

白膠
在底座布片上製作花形&裝飾花蕊時必備的工具。推薦使用速乾型。

廢紙簍
只要隨時收拾好作業台上的線屑或碎布屑，作業後的整理就會更加流暢。

濕紙巾
為免弄髒布花，請勤於擦拭沾於手上&鑷子上的漿糊或白膠。

串珠類の花蕊材料
本書中使用花藝用人造花蕊・直徑3mm至10mm的珍珠等。要將串珠串成圓形作裝飾時（參照p.15），若有串珠用魚線（1號）會較為便利。

【裁布套組】裁剪布片時使用。

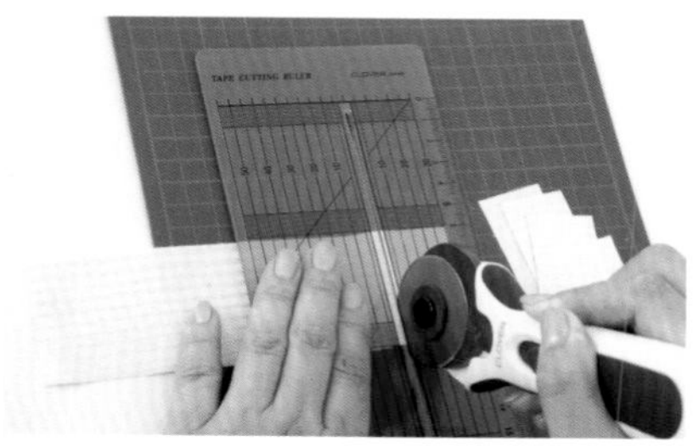

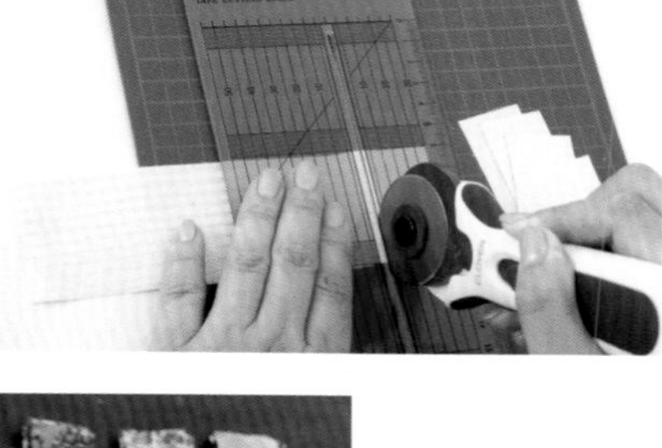

確實壓住以免布片歪斜，且裁成正確的正方形。本書中經常使用3cm×3cm的布片，因此若能多裁一些喜愛的布片備用，使用起來就會相當方便。

布片
本書多使用手邊現有的亞麻布、棉布、人造絲縮緬。人造絲縮緬中，「鬼縮緬」布質較為蓬厚討人喜愛，「一越縮緬」質地較為柔軟且散發沉穩氛圍。聚酯纖維製的布料則不適合用來捏製和風布花。

輪轉刀
直接用來切割布片，相當便利。若無割布刀，以剪刀代替也OK。

切割墊
以輪轉式割布刀裁切布片時，墊於布片下方使用。

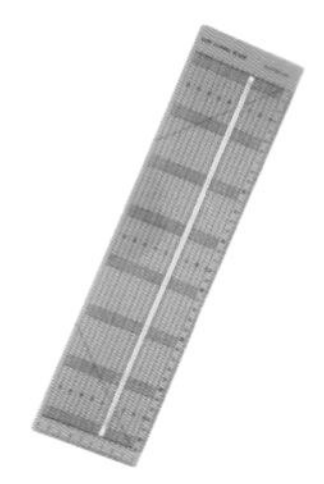

定規尺
直接切割布片時使用。雖可用一般的定規尺來代替，但使用輪轉刀時，則推薦搭配此款拼布專用定規尺。

輪轉式割布刀（45mm）・拼布專用定規尺／Clover（株）。

【漿糊套組】製作花瓣時使用。

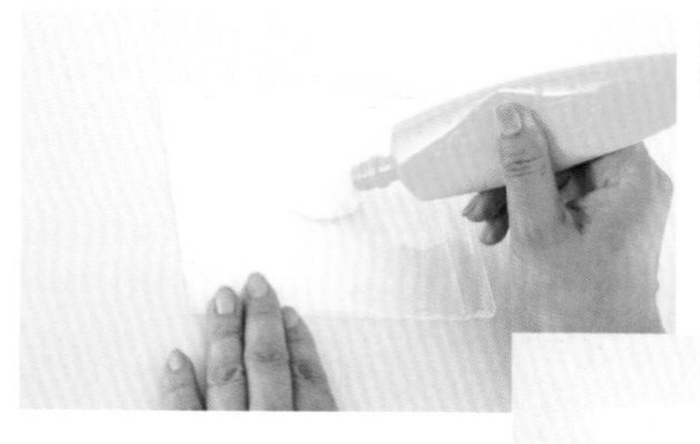

將CD盒分成兩片，將漿糊塗抹在蓋子的內面上備用。

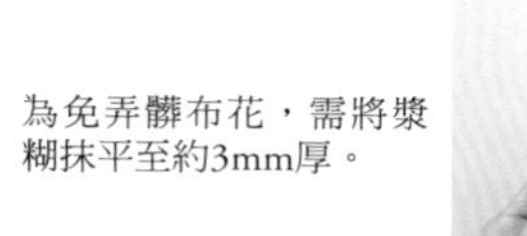

為免弄髒布花，需將漿糊抹平至約3mm厚。

漿糊
澱粉漿糊。讓漿糊滲入捏好的花瓣內，以維持形狀。

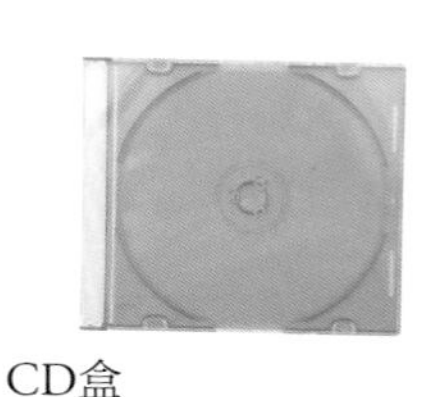

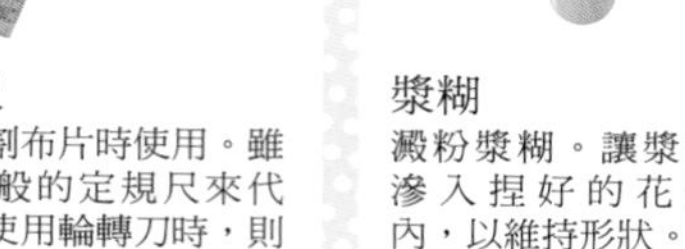

CD盒
（漿糊台面&作業台面）
沒有開洞的那一面（蓋）是用來塗抹漿糊之後，放置花瓣的「漿糊台面」；另一面則作為整理花形使用的台面。在漿糊半乾狀態下，可以將漿糊脫落得十分乾淨。若需隔一段時間再開始作業，請於漿糊上加蓋保鮮膜&先將CD盒蓋起來。

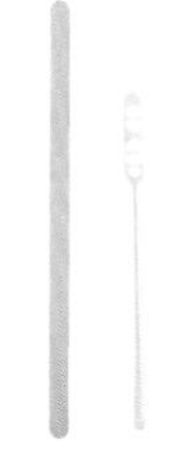

攪拌棒（塗抹漿糊或白膠的刮刀）
抹平漿糊時使用。

捏撮和風布花の製作流程

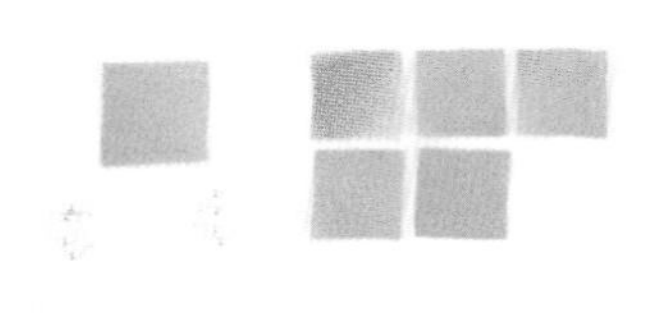

1.準備材料&工具
準備已經裁剪好作為底座的布片&花瓣用布、花蕊珠飾、p.14的作業套組&漿糊套組。

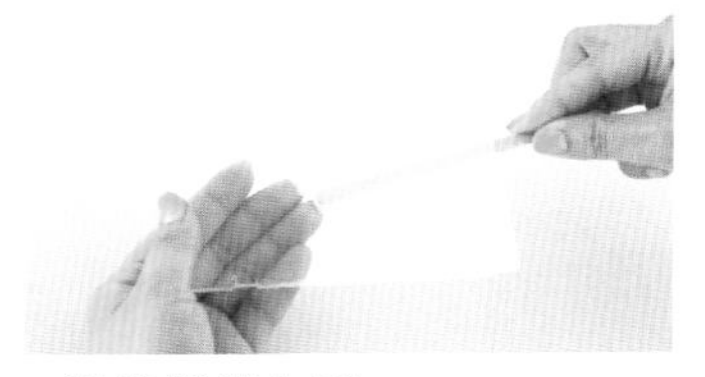

2.準備漿糊台面
將CD盒分成兩片，在沒開洞的蓋子內面側，將漿糊抹平至約3mm厚。

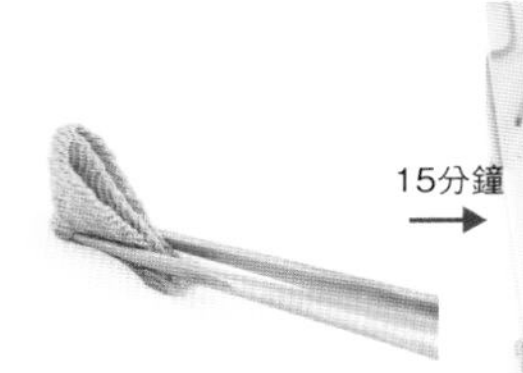

3.捏撮花瓣
以鑷子捏撮花瓣。各種花瓣的捏撮方法請參照p.16起的作法。為了讓漿糊滲入捏好的花瓣中，需靜置片刻。

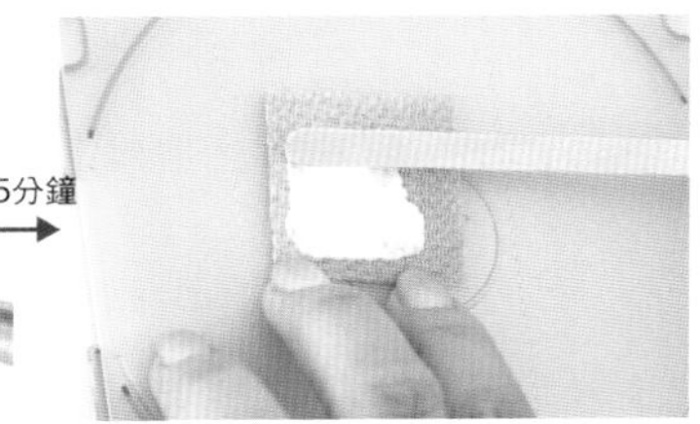

4.將底座布片塗上白膠
直到漿糊完全滲透至布裡為止，讓花瓣靜置15分鐘，再於底座布片上塗抹白膠。

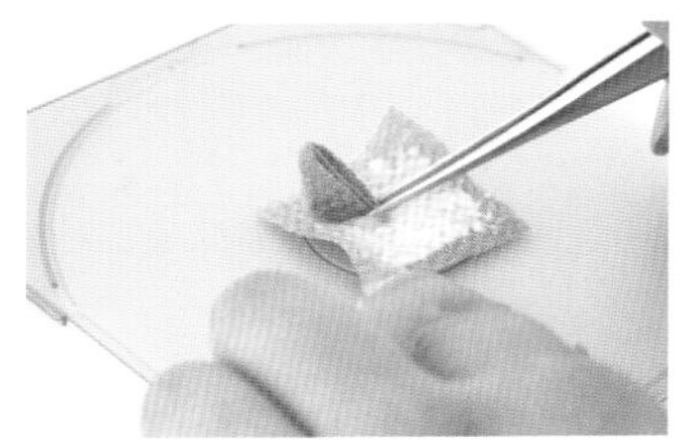

5.將花瓣葺於底座布片上
將花瓣置於塗抹白膠的底座布片上，製作花形。捏撮和風布花的專門用語，將此作法稱之為「葺」。

6.裝飾花蕊
以白膠或黏著劑將花藝用人造花蕊或串珠黏接上去，裝飾出花蕊。

7.修剪露出的底座布片
靜置乾燥1至2天，待漿糊與白膠完全乾了之後，再沿著花形修剪外露的底座布片。

完成！
完成和風布花的花朵圖案捏撮。裝接上五金配件，即可作為飾品或雜貨使用。

花蕊の裝飾法×3

◎裝飾人造花蕊

1.保留人造花蕊的尖端，在距離根部約2mm處剪斷。長度可依人造花蕊的圓珠大小調整。圖示花朵使用了7顆人造花蕊（圓珠長約3mm至4mm）。

2.於花朵中心塗上少量的白膠，接著將花蕊根部也塗上白膠&插入花朵中心。再如畫圓般地將剩餘的6支人造花蕊，無間隙地緊密插於中心四周。

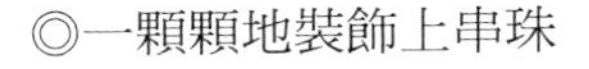

◎一顆顆地裝飾上串珠

1.由於較大顆的串珠容易脫落，因此要使用黏著劑固定。將串珠的洞口橫向擺放，再以鑷子夾捏，將串珠直接塗上黏著劑後，置於花朵上。

2.一邊檢視平衡感，一邊以步驟1的作法放置串珠。溢出的黏著劑請以鑷子刮除。

◎將串珠串成圓形

1.將5顆直徑4mm的珍珠穿過串珠魚線（此處為了容易辨識，故使用有色魚線）。

2.將魚線打固定結，使串珠作成圓形。建議將魚線的線尾，藏於結眼旁1至2顆量的串珠中後再剪斷，結眼會較不顯眼。

3.於花朵中心處塗上少量白膠，再將串珠下半部也塗上一層薄薄的白膠，置於花朵上方。

4.將中央串珠的洞口橫向擺放，再以鑷子夾捏，將串珠下半部塗上厚厚的一層白膠&置入圓形串珠的中心。溢出布外的白膠乾掉之後會很顯眼，要記得刮除喔！

A-1
A-2
A-3
A-4

「基本の圓撮」

此基本圓撮為p.18至p.23&p.32至p.33之捏法的基礎。
請事先參照p.15「捏撮和風布花の製作流程」&
備齊漿糊台面的準備工作。

◎材料

底座
花瓣用布
花蕊珠飾

底座（4×4cm）1片
花瓣用布（3×3cm）5片
花蕊珠飾（人造花蕊／圓珠長約3mm至4mm）適量

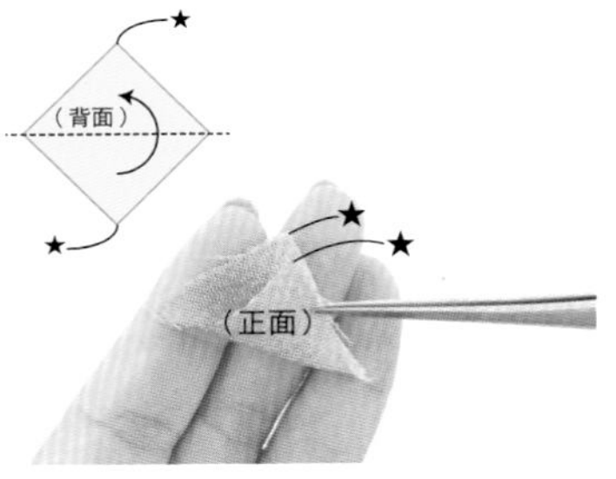

1.將花瓣用布的背面朝上置於手上，以鑷子將★與★對齊地往上摺起。

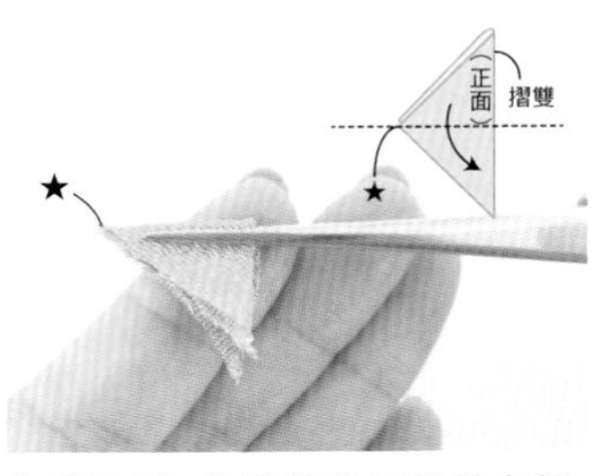

2.將步驟1的摺雙邊擺放於右側，以鑷子夾住三角形的中心，如向內倒般的轉動鑷子之後，將布片由上往下對摺。

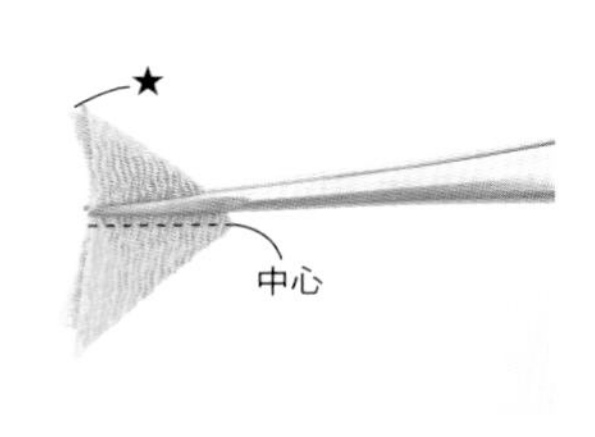

3.轉換方向使步驟2的★端朝上，以鑷子夾住三角形中心稍微上方之處。

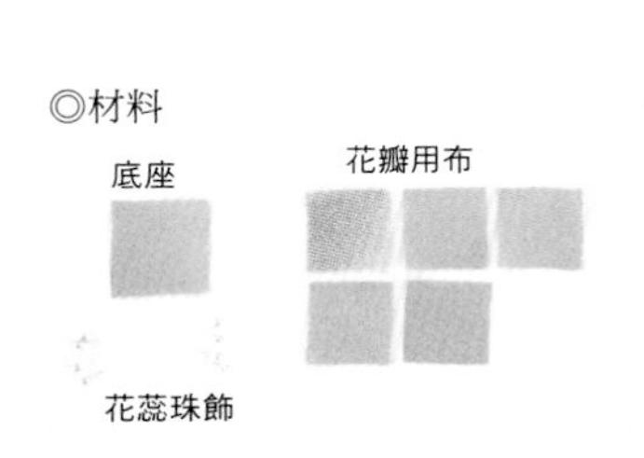

4.將鑷子所夾之處的下半部往左右撐開&對齊★端，以手指往上摺起。請以鑷子處為摺線，確實地摺疊！

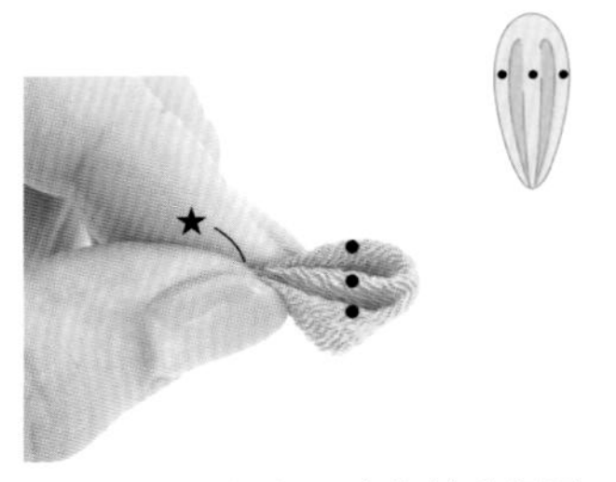

5.改以指尖捏住★處後抽走鑷子，確認3點●的高度是否對齊。

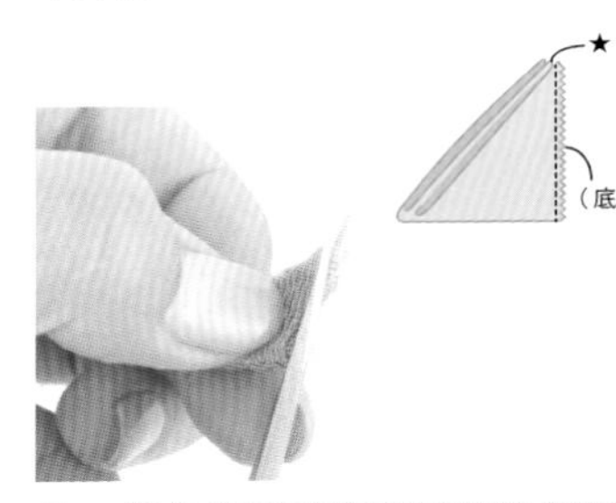

6.一邊注意不要讓花瓣的形狀變形，一邊轉換方向拿好，再修剪底部布邊不整齊的部分，以使漿糊更容易沾上。

7.以鑷子將花瓣置於漿糊台面上，確實靜置，以便讓漿糊充分滲透。以步驟1至6相同作法製作剩餘的4片花瓣，並置於漿糊台面上。此時，將相鄰的花瓣無間隙的緊密放置，可以防止捏好的布片鬆開。靜待15分鐘，直到漿糊完全滲透到布裡為止。

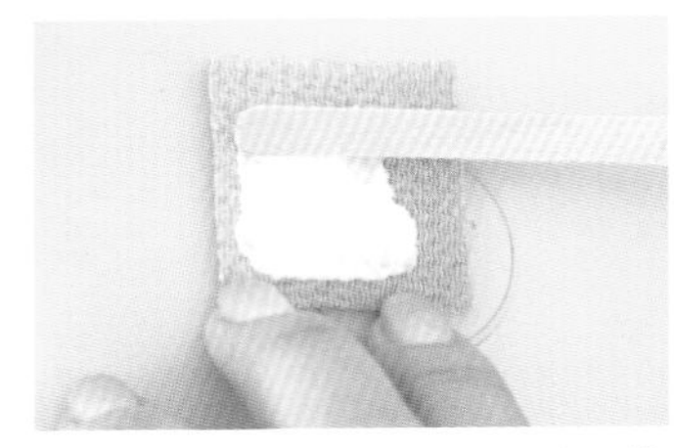

8.以CD盒底側的平面作為台面使用，再於底座布片上塗上抹平的白膠。關鍵在於確實將整片均勻地塗上薄薄的一層。

9.將5片花瓣置（葺）於底座布片上，且確認♡處是閉合的；若呈現綻開的情況，需以鑷子確實地將之夾緊。將花瓣由漿糊台面上拿起之前，先拿著▲處，依箭頭方向滑動鑷子，以便切開花瓣側面的漿糊。

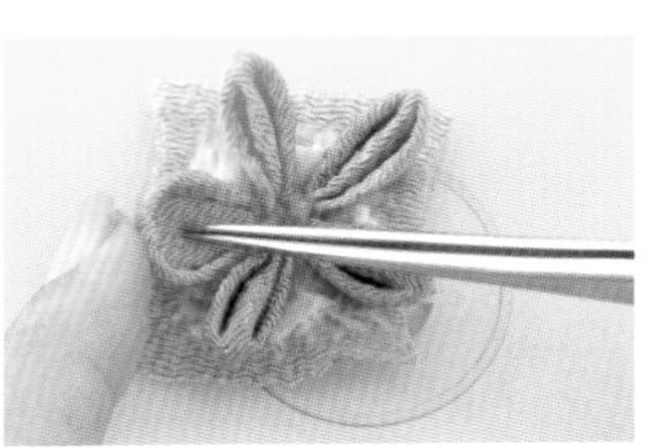

10.為免破壞花形，請一邊以手指輕輕撐住，一邊以鑷子將花瓣內側的布下壓到底，展開花瓣。無法漂亮地壓開時，請先將步驟9♡處重新闔上後，再度打開即可。

11.參照p.15「裝飾人造花蕊」作法，裝飾上花蕊。

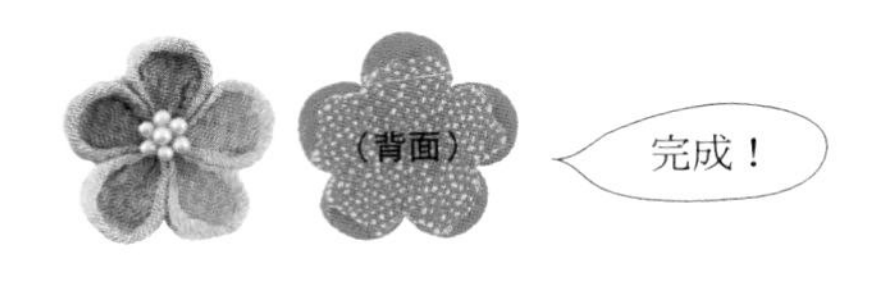

靜置乾燥1至2天之後，再參照p.15「捏撮和風布花の製作流程」，沿著花瓣邊緣修剪底座布片。

「基本の圓撮」の應用作品

p.11　改變花瓣的片數&大小，編排設計成飾品。

B-1
B-2
B-3
B-4
B-5
II. THE POWER OF SILENCE. By HORATIO W. DRESSER.
III. VOICES OF HOPE. By HORATIO W. DRESSER.
IV. THE PERFECT WHOLE. By HORATIO W. DRESSER.
V. HOME THOUGHTS. By 'C.'
LILIAN WHITING
'Tis heaven alone that is given away;
'Tis only God may be had for the asking.
LOWELL
SEVENTEENTH EDITION
GAY AND BIRD
22 BEDFORD STREET, STRAND
LONDON
1905
All rights reserved

「二重の圓撮」

即重疊2片布片捏製的圓撮。請一邊參照p.16「基本の圓撮」，一邊捏製吧！
選用縮緬布捏製時，相較於鬼縮緬的布質，凹凸感更為細緻的一越縮緬較容易重疊製作。

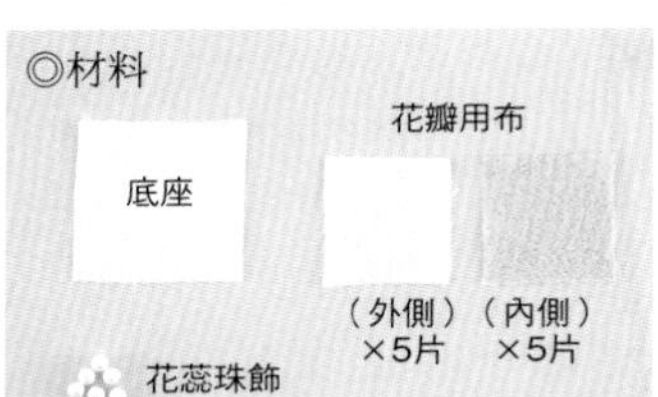

底座（4×4cm）1片
花瓣用布（3×3cm）內側・外側各5片
花蕊珠飾（直徑4mm的珍珠）6顆

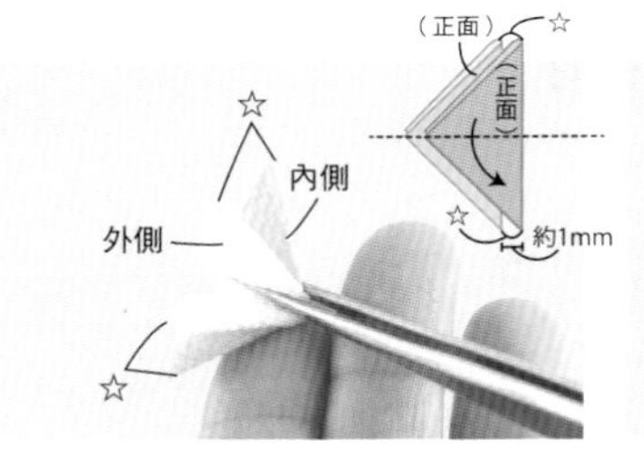

1.以p.17步驟1相同作法摺疊內側布，再將同樣摺好的外側布稍微錯開地疊上去，如對齊☆般地往下對摺。

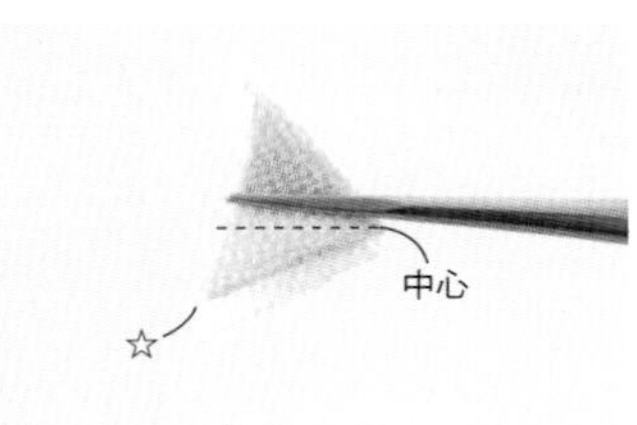

2.先將步驟1中對齊的☆轉至下方，再以鑷子夾住內側布片的三角形中心稍微上方之處。

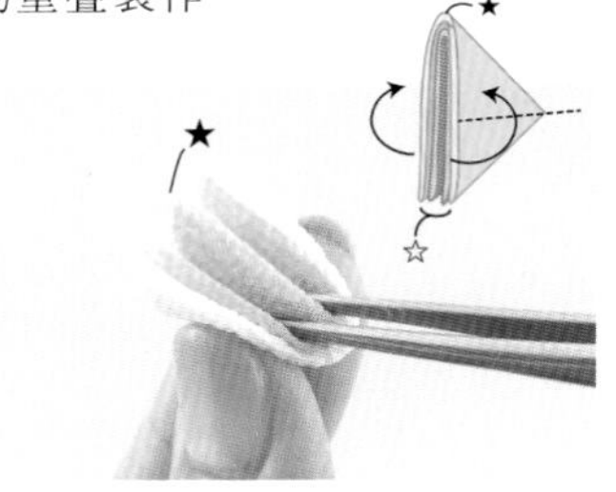

3.將鑷子所夾之處的下半部往左右撐開，再以指尖將外側布端&內側布端對齊★處往上摺。

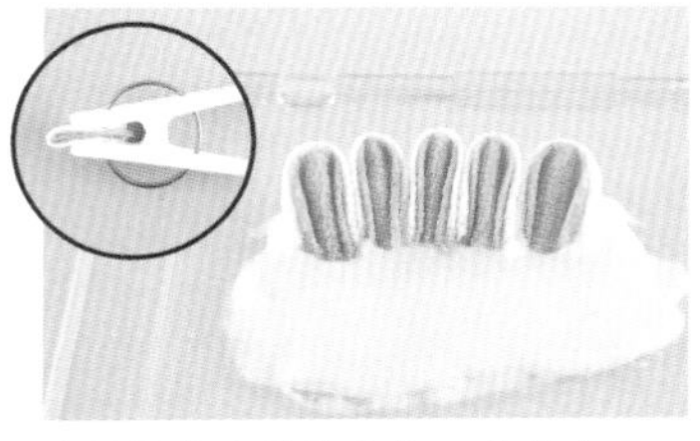

4.以洗衣夾等物夾住30分鐘左右，再將底側邊沿著外側花瓣修剪之後，置於漿糊台面上。重點是此時要無間隙地併排相鄰的花瓣。

5.參照p.17步驟8至10的作法，將花瓣置於底座上&壓開花瓣。

參照p.15「將串珠串成圓形」，裝飾上花蕊；待其乾燥之後，再參照「捏撮和風布花の製作流程」，沿著花瓣邊緣修剪底座布片。

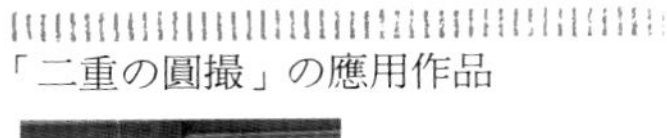

「二重の圓撮」の應用作品

p.6 黏上三角髮夾之後，就變成了髮飾。蝴蝶則是組合了「二重＆三重の圓撮」捏製而成。

「二段の圓撮」

將基本的圓撮重疊2段之後捏製的布花。捏法請參照p.16「基本の圓撮」。

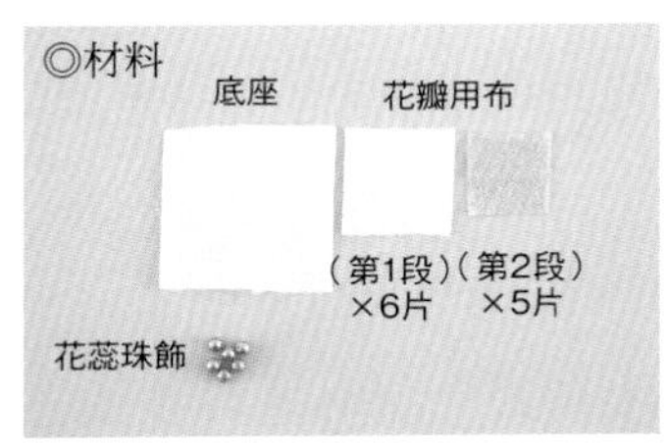

底座（4×4cm）1片
花瓣用布 第1段（3×3cm）6片
第2段（2.4×2.4cm）5片。
花蕊珠飾（直徑4mm的珍珠）6顆

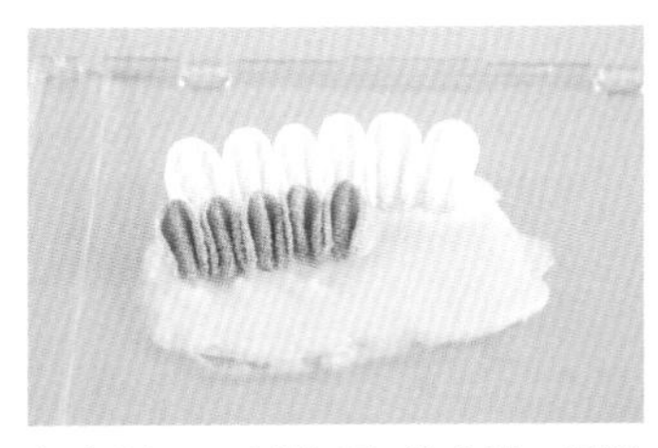

1.參照p.17步驟1至7的作法，捏製第1段6片&第2段5片的花瓣，再置於漿糊台面上，靜待15分鐘。

2.參照p.17步驟8至10的作法，將花瓣置於底座布片上，壓開第1段的花瓣。

3.在第1段布花的中心塗抹上少量的白膠，將5片第2段的花瓣對齊第1段花瓣&中心處放置，再壓開花瓣。

參照p.15「將串珠串成圓形」的作法，裝飾上花蕊。待其乾燥後，再參照「捏撮和風布花の製作流程」，沿著花瓣邊緣修剪底座布片。

「二段の圓撮」の應用作品

p.47 予人華麗印象的二段圓撮布花，也非常適合日式風的裝扮。

C-1
C-2
C-3
C-4

「櫻花」

自圓撮の花瓣形狀加以變化而成。
參照p.16「基本の圓撮」或p.18「二重の圓撮」之後，再依據材料製作花形。

◎材料

5瓣的圓撮花朵1個（捏法參照p.17），或5瓣的二重圓撮花朵1個（捏法參照p.19）。

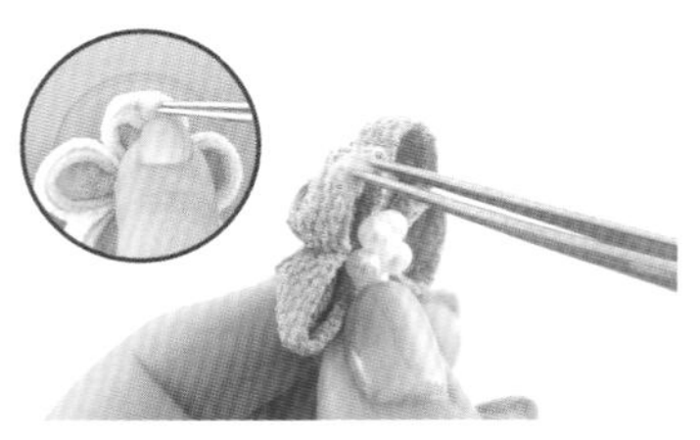

1.以鑷子的尖端沾取少量的漿糊，並將漿糊塗在花瓣的背部。以二重の圓撮製作時，也要事先在內側&外側的布片之間塗上等量的漿糊。

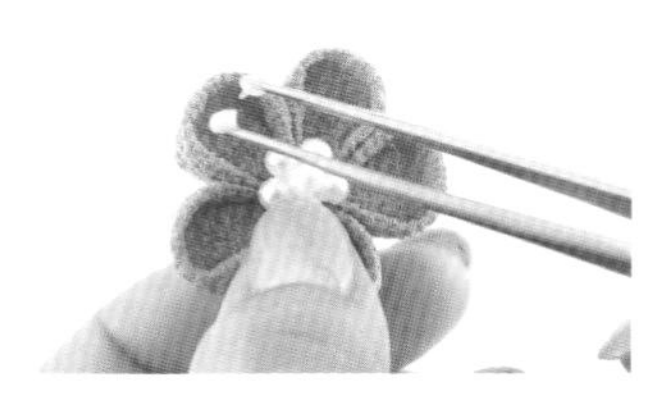

2.再次以鑷子的尖端沾取漿糊。

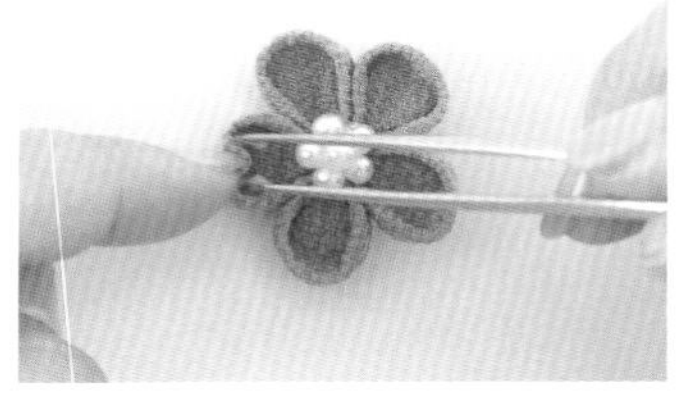

3.將沾有漿糊的鑷子頂在欲作出削尖的內側布處，以指尖從外側將鑷子間的布摺凹進去。

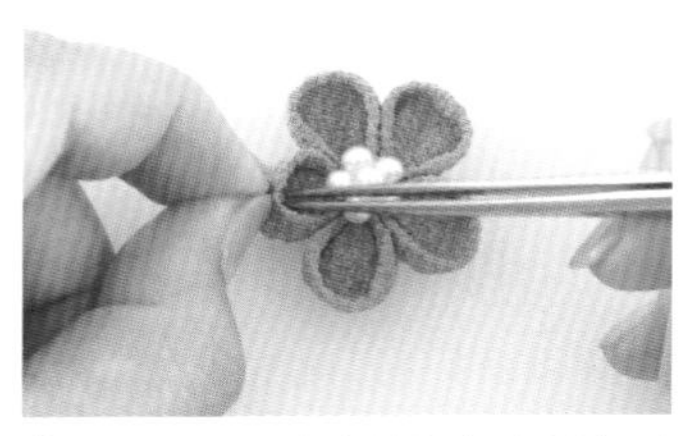

4.直接以鑷子牢牢的捏住內側布不放，並以手指由外側捏摺，確實地固定形狀。

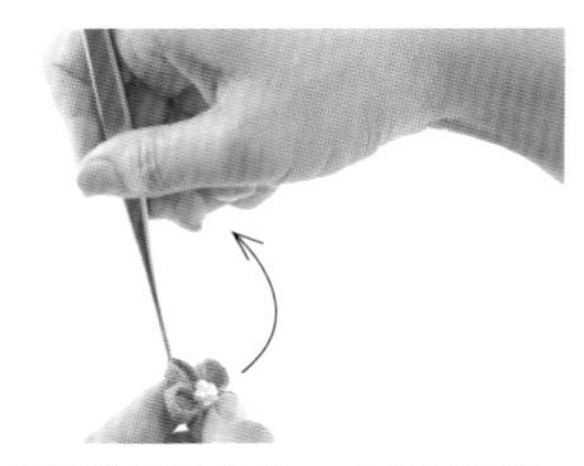

5.以鑷子牢牢的捏住&如將手腕外轉般的提起，花瓣將有如往外擴張似的展開，且使花瓣的形狀更加完整。

等待漿糊完全乾燥。

「櫻花」の應用作品

p.7　黏在三角髮夾上後，就變成了髮飾。

p.6　作品1至6的作法

以「櫻花」製作三角髮夾吧！

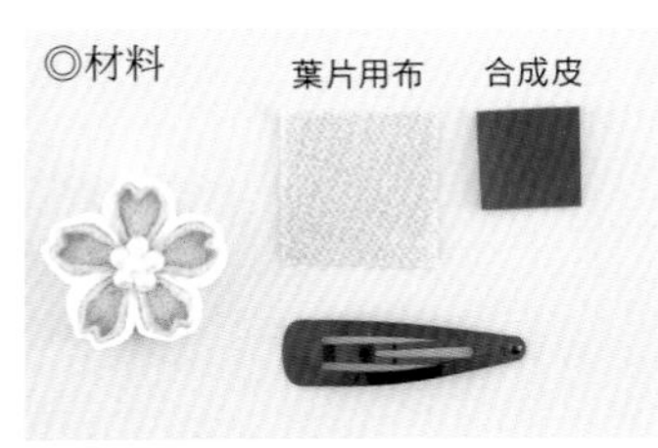

櫻花形的花朵 1個
葉片用布（3×3cm）1片
合成皮（1.8×1.8cm）1片
三角髮夾 1個

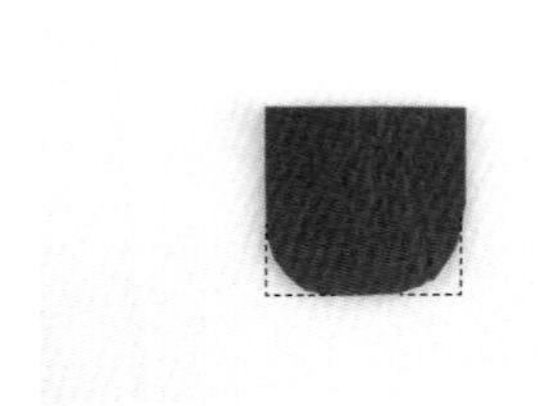

1.將合成皮下方的兩個稜角剪成圓弧形。

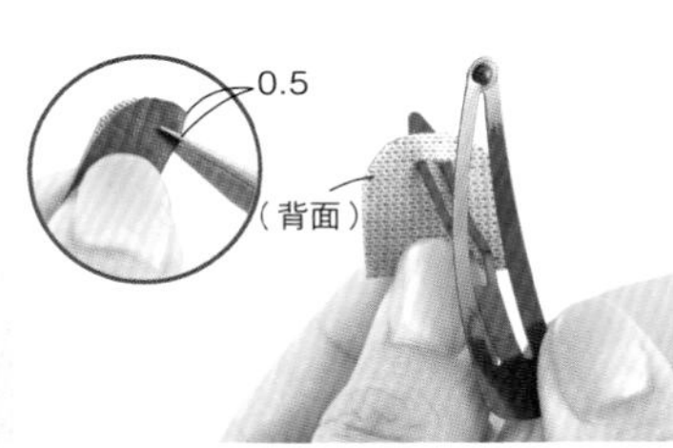

2.對摺合成皮，在距離修成圓邊的中央約2mm處剪開一刀，再依圖示方向穿入三角髮夾。

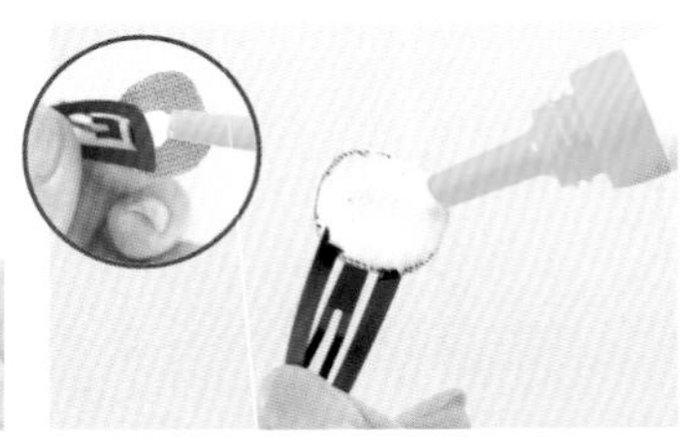

3.將步驟1中剩餘的兩個稜角修剪成圓弧狀後塗上白膠。也別忘了在三角髮夾與合成皮之間塗上白膠喔！

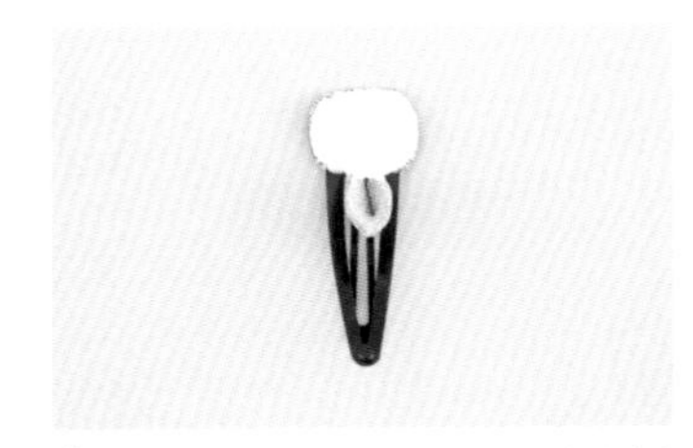

4.參照p.36「捏撮葉片」的作法製作劍撮之葉之後，依圖所示放置在塗好白膠的合成皮上方。葉片上也再塗上一層白膠。

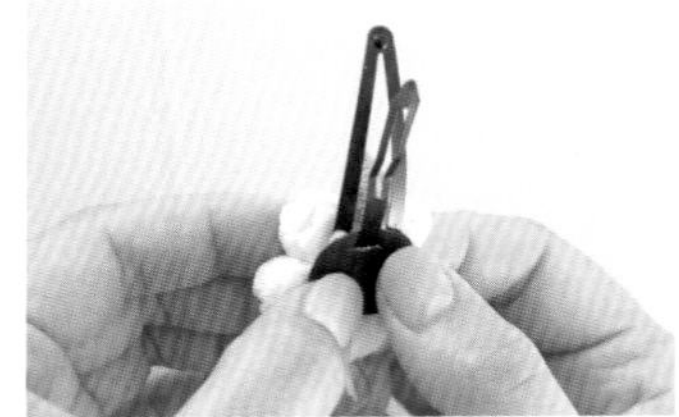

5.將櫻花的花朵放在合成皮與葉片上，並以手指牢牢地按壓，直至合成皮&花朵之間完全沒有縫隙。

等待白膠完全乾燥。

D-1
D-2
D-3
D-5
D-4

「桔梗花」

將圓撮花瓣的前端捏成尖狀製作而成。
請先參照p.16「基本の圓撮」，製作出材料圖示中的花形。

◎材料

圓撮の花朵1個
（捏法參照p.17）

1.以手指沾取少量的白膠，並以兩根手指塗抹開來。使用深色布時，則以漿糊製作。

2.將白膠塗在花瓣上打算捏成尖狀的內側布&外側布之側面。

3.以指尖自外側開始捏製花瓣，使前端成為尖狀。為免削尖整片花瓣，只需捏尖前端處即可。

將5瓣全都捏成尖狀。

「桔梗花」の應用作品

p.56　帶有成熟韻味的桔梗花，相當適合與和服搭配。

捏摺時呈現布紋の方式

選用印花布時更需特別注意。捏摺花瓣時，必須一邊考量布片會出現哪部分的花樣，一邊裁剪布片。

◎製作圓撮時

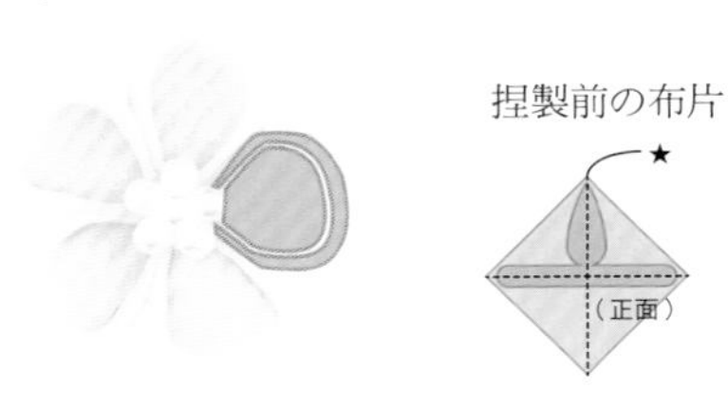

依捏製前的布片狀態來看，圖示中水滴狀的橘色部分&直線部分，會出現在花瓣的表面。

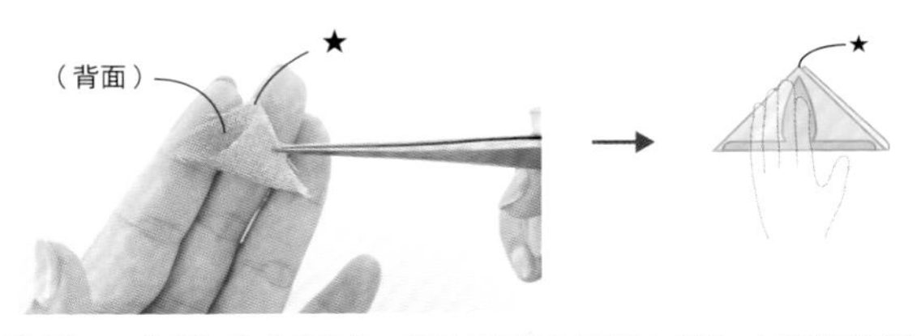

進行p.17步驟1的作法時，請先確認手摸到之處為水滴狀的部分後，再進行下一步驟。

◎製作劍撮時

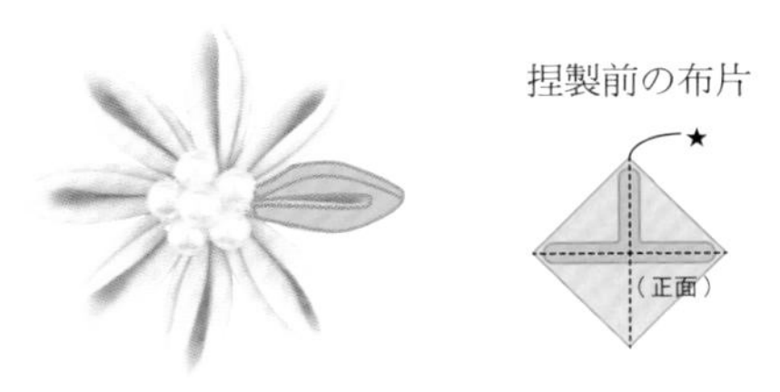

依布片捏製前的狀態來看，圖示中倒T字形的橘色部分，會出現在花瓣的表面。

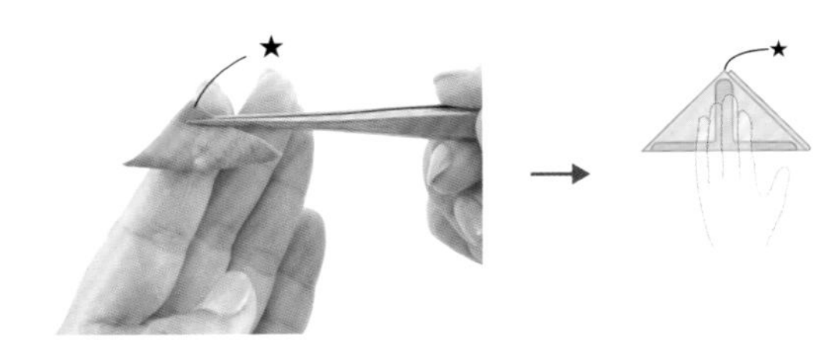

進行p.25步驟1的作法時，請先確認手摸到之處為倒T字形的部分之後，再進行下一步驟。

E-2

實物大小

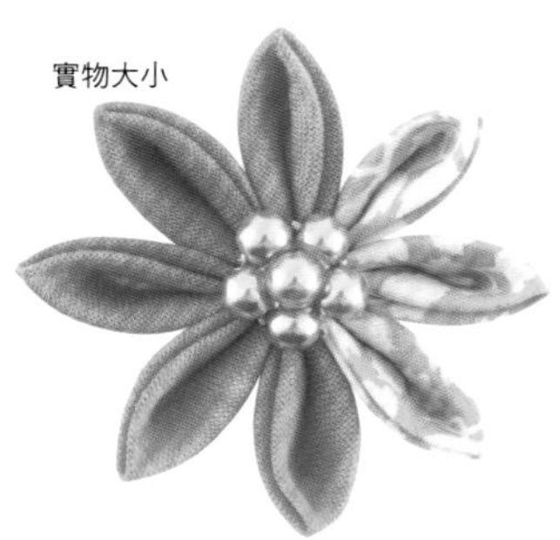

「基本の劍撮」

此基本劍撮為p.26至p.29之捏法的基礎。
請事先參照p.15「捏撮和風布花の製作流程」&備齊漿糊台面的準備工作。

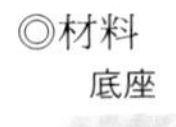

◎材料

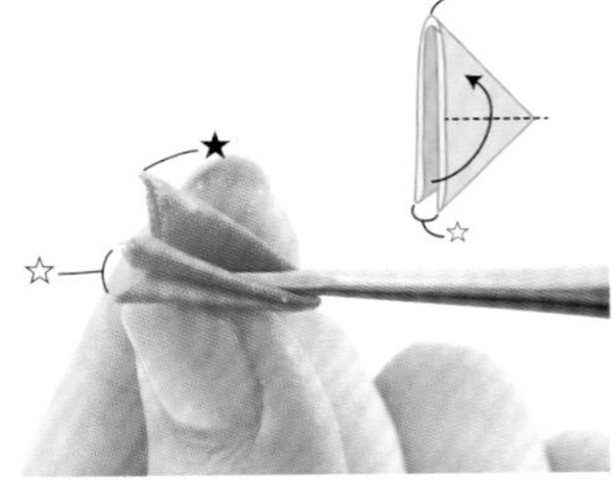
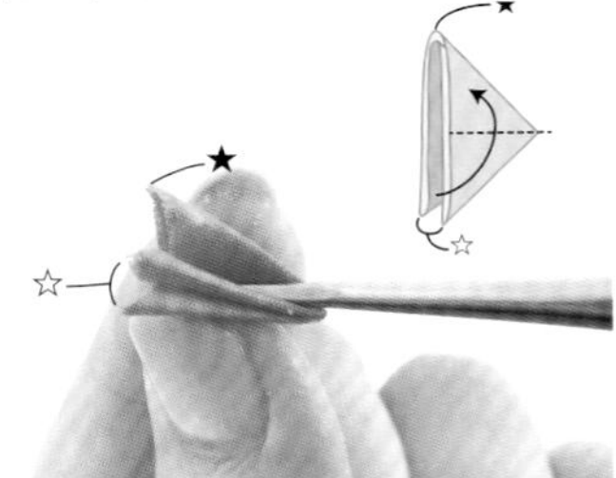

底座用布（4×4cm）1片
花瓣用布（3×3cm）8片
花蕊珠飾（直徑4mm金色珠）6顆

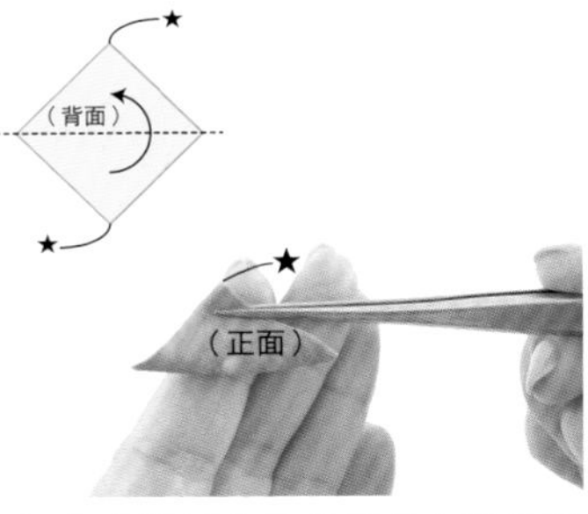

1.將花瓣用布的背面朝上置於手上，以鑷子將★與★對齊，往上摺起。

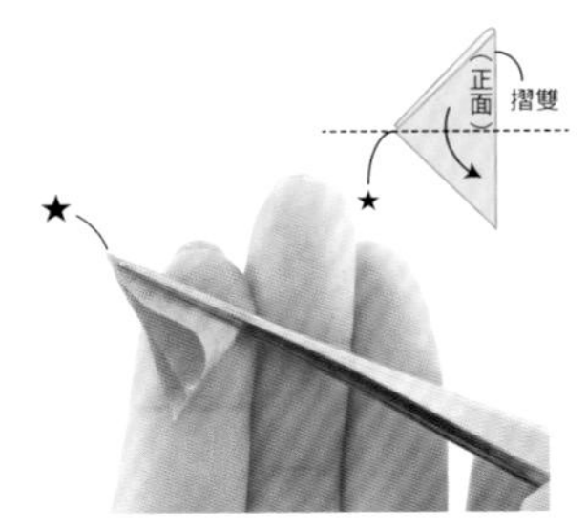

2.將摺雙邊擺放於右側，夾住三角形的中心，由上往下對摺。由於布片有其厚度，因此要將下摺的布尖稍稍往左挪移。

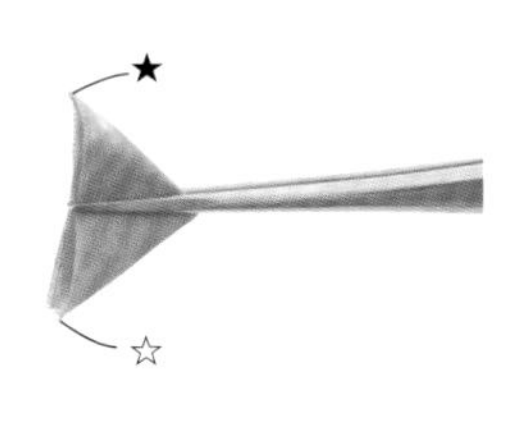

3.轉換方向使步驟2的★端朝上，以鑷子夾住三角形的中心。

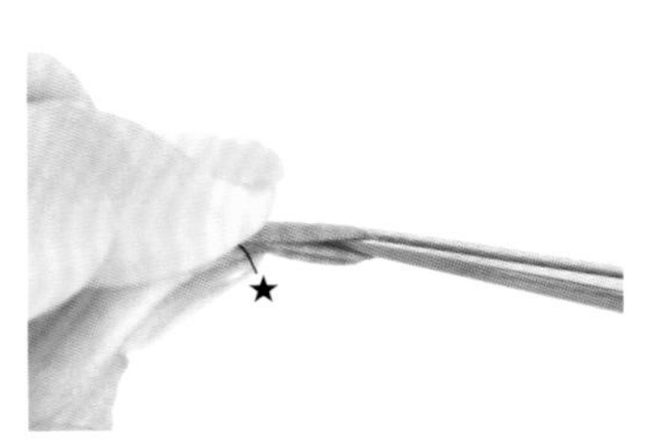

4.以鑷子所夾之處作為軸心，將★對齊☆，摺成兩半。

5.改以指尖捏緊★處後抽走鑷子&以鑷子尖端用力緊拉似的，將花瓣的前端弄尖。

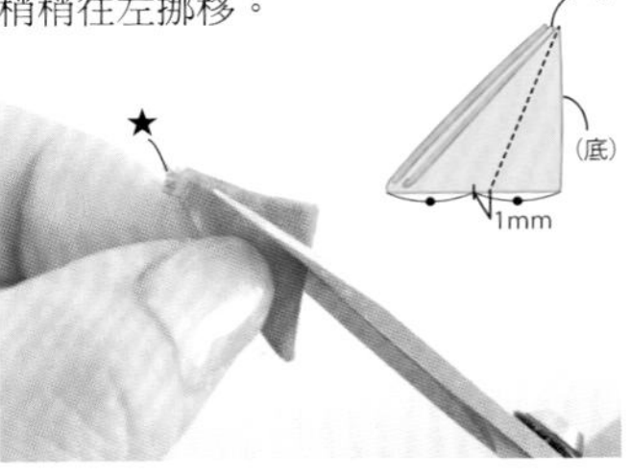

6.一邊注意不要讓花瓣的形狀變形，一邊轉換方向拿好，再以剪刀斜剪布底（端切），為布邊收尾&統一高度。

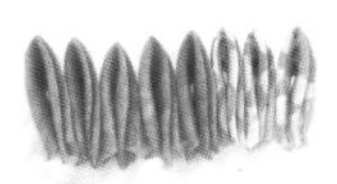

7.將端切（斜刀剪下）後的花瓣置於漿糊台面上方，確實靜置以使漿糊充分滲透。以步驟1至6相同作法製作剩餘的7片花瓣，並置於漿糊台面上。此時，將相鄰的花瓣無間隙的緊密放置，可以防止捏好的布片鬆開。靜待15分鐘，直至漿糊完全滲透到布裡為止。

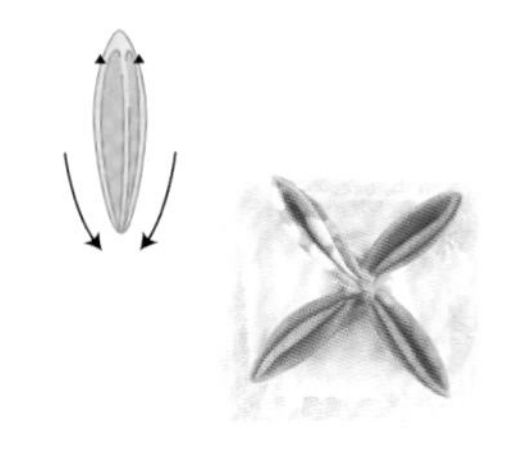

8.將底座布片塗抹上白膠後，以十字狀將花瓣放在底座布片上。將花瓣自漿糊台面上拿起來之前，需先拿著▲處，再依箭頭方向滑動鑷子，以便切開花瓣側面的漿糊。

9.在步驟8擺放的花瓣之間，再各別置入1片花瓣。由外側朝向中心，如滑進去一般地放上去。

10.8片花瓣擺放完成。仔細調整，使花瓣間的間隔均等，讓花瓣們畫出漂亮的圓形吧！

11.以手指輕捏花瓣的尖端，緩慢且輕柔地捻壓花瓣，使花瓣展開。

12.壓開所有的花瓣。參照p.15「將串珠串成圓形」，將花蕊裝飾上去。

靜置乾燥1至2天之後，再參照p.15「捏撮和風布花の製作流程」，沿著花瓣邊緣修剪底座布片。

「基本の劍撮」の應用作品

p.9　將包釦當成底座使用，排列花瓣作成綁髮的髮束。

F-1
F-2
F-3
F-4

F-5
F-6

「二重の劍撮」

即重疊2片布片捏製的劍撮。一邊參照p.24「基本の劍撮」，一邊捏製吧！

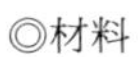

◎材料

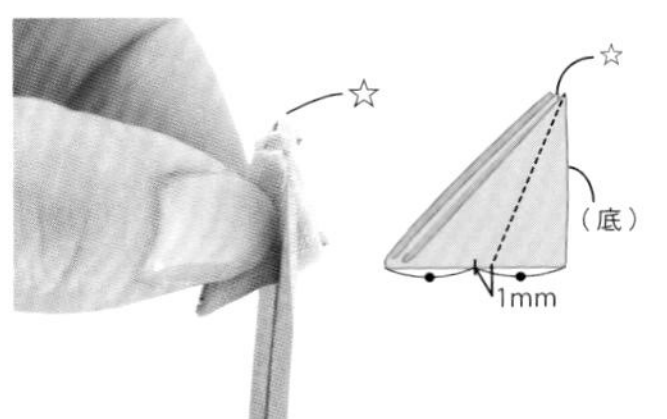

底座（4×4cm）1片
花瓣用布（3×3cm）內側・外側各8片
花蕊珠飾（直徑4mm的珍珠）6顆

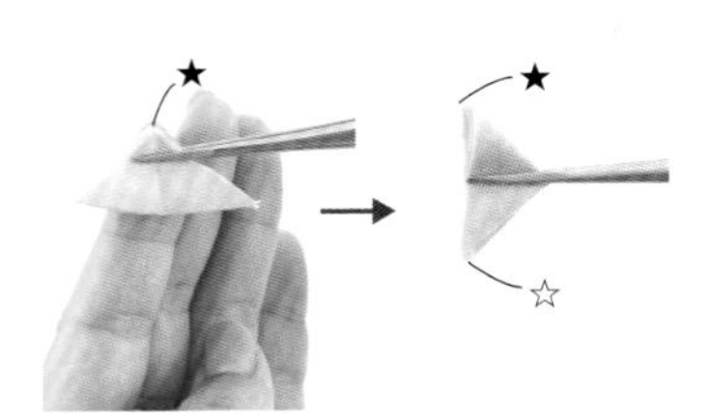

1.參照p.25步驟1至2的作法，將外側布對摺兩次。由於布片有其厚度，因此要將下摺的布尖稍稍往左挪移。

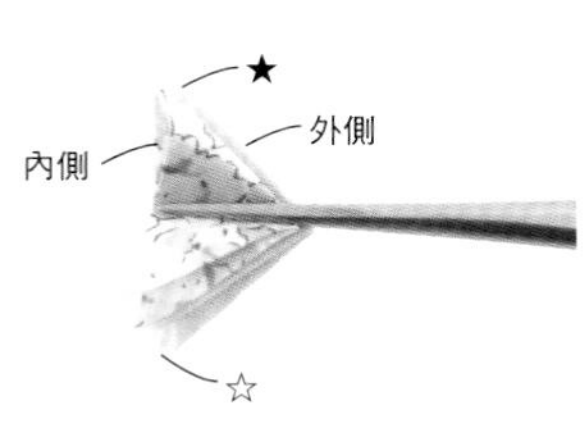

2.將與步驟1同樣作兩次對摺的內側布疊在外側布上，以鑷子夾住中心處。內側布需稍微往左移，再疊上去。

3.以鑷子所夾之處作為軸心，將★對齊☆，摺成兩半。

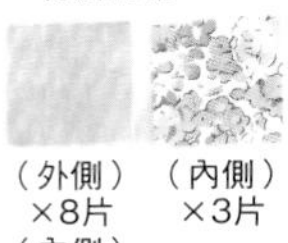

4.一邊注意不要讓花瓣的形狀變形，一邊轉換方向拿好，再以剪刀斜剪布底，為布邊收尾&統一高度。

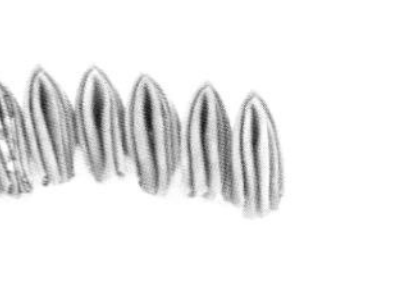

5.以步驟1至4相同作法完成剩餘的7片花瓣，再將完成的所有花瓣無間隙地緊密放置於漿糊台面上。

6.靜待15分鐘，直至漿糊完全滲透到布裡為止，再參照p.25「基本の劍撮」步驟8至11的作法，將花瓣置於底座布片上&壓開花瓣。

參照p.15「將串珠串成圓形」，裝飾上花蕊；靜置乾燥1至2天之後，再沿著花瓣邊緣修剪底座布片。

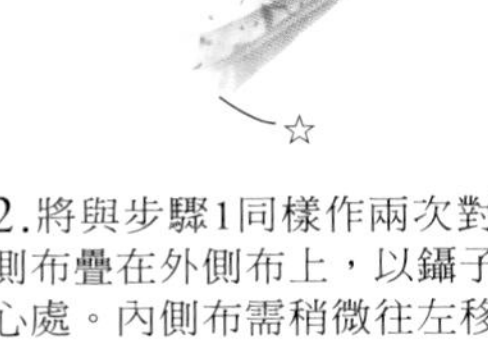

「二段的劍撮」

將基本的劍撮重疊2段之後捏製的布花。捏法參照p.24「基本の劍撮」。

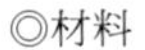

◎材料

底座（4×4cm）1片
花瓣用布 第1段（3×3cm）12片
第2段（2.4×2.4cm）8片
花蕊珠飾（直徑6mm的壓克力珠）3顆

1.參照p.25步驟1至7的作法，捏製第1段12片&第2段8片的花瓣，再置於漿糊台面上，靜待15分鐘。

2.於底座布片上塗一層薄薄的白膠，以十字形將第1段的花瓣擺放在上面。

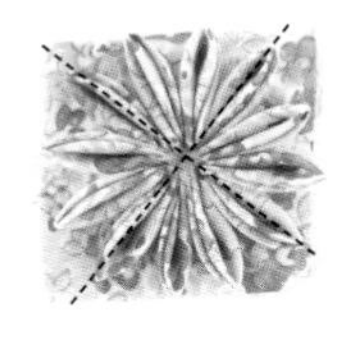

3.於步驟2中擺好的花瓣之間，各別放入2片花瓣，以這12片花瓣圍成花形。再參照p.25步驟11的作法，壓開第1段的花瓣。

4.在第1段布花的中心處塗抹上少量的白膠。

5.第2段的花瓣則需先對齊步驟2中擺好的十字形&在上方疊放上4片花瓣之後，再於花瓣間各放入1片花瓣。且以第1段的作法，壓開花瓣。

參照p.15「一顆顆地裝飾上串珠」，裝飾上花蕊。待其乾燥之後，再參照「捏撮和風布花の製作流程」，沿著花瓣邊緣修剪底座布片。

「二段の劍撮」の應用作品

p.42 三段&四段的布花，也可以依照二段布花的作法捏製而成。

G-1
G-2
G-3
G-4

「露月之花」

結合二重の劍撮&基本の劍撮捏製而成，亦為Tsuyutsuki（露月）研習班的代表作。
捏法參照p.24「基本の劍撮」& p.26「二重の劍撮」。

◎材料

底座

花瓣用布

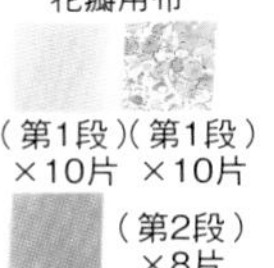

（第1段）×10片　（第1段）×10片

（第2段）×8片

花蕊珠飾　中心布

底座用布（5.5×5.5cm）1片
中心布片（1.5×1.5cm）1片
花瓣用布 第1段（3×3cm）內側&外側各10片・第2段（3×3cm）8片
花蕊珠飾（直徑4mm的珍珠）6顆

1.參照p.25，捏製8片第2段的花瓣&參照p.27，捏製10片第1段的花瓣。

2.剪下中心布片的稜角，使之成為八角形。

3.在底座上塗白膠，並將中心布擺在中央處。沿著中心布的2邊，像是排在底座對角線似的放上2片第1段的花瓣。

4.在步驟3中擺放的2片花瓣之間，均等地放置4片花瓣，調整至左右對稱為止。

5.以手指自上方緩慢且輕柔地捻壓花瓣，使花瓣展開。

6.將白膠填入第1段布花的中心處，舖平抹開直到中心布完全被白膠遮蓋住的狀態。

7.以十字形擺放4片第2段的花瓣。

8.在步驟7中擺好的花瓣之間，再各放入1片花瓣，如由外側滑進去般地放上花瓣。

9.與第1段作法相同，參照步驟5作法將第2段花瓣展開。

10.參照p.15「將串珠串成圓形」，裝飾上花蕊。

靜置乾燥1至2天之後，再參照p.15「捏撮和風布花の製作流程」，沿著花瓣邊緣修剪底座布片。

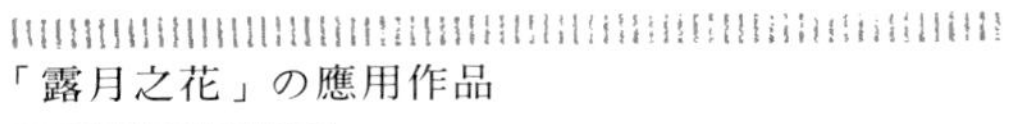

「露月之花」の應用作品

p.38

p.51
建議可以使用單朵露月之花與其他布花搭配組合，作為吸睛的焦點。

H-1
H-2
H-3
H-4

「常春薔薇」

將花瓣重疊好幾層之後捏製而成的華麗布花。
此作法需要一邊檢視平衡感，一面重疊製作；因此建議預先多捏作一些花瓣，就能事半功倍。

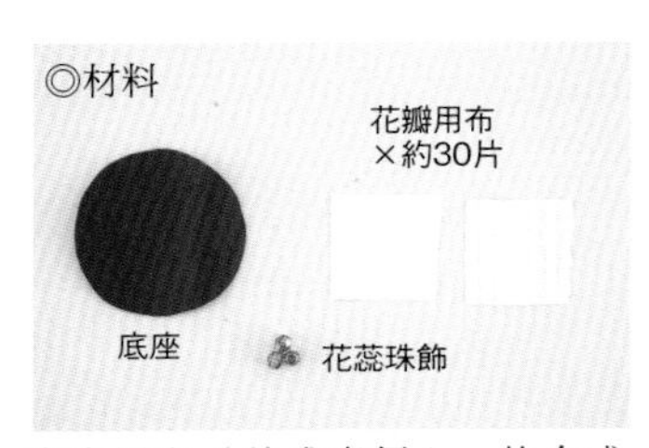

底座用布（剪成直徑4cm的合成皮）1片
花瓣用布（3×3cm）約30片
花蕊珠飾（直徑4mm的角珠）3顆

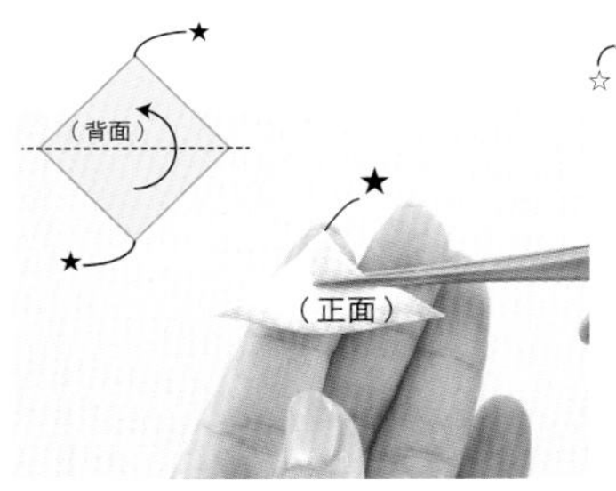

1.將花瓣用布的背面朝上置於手上，以鑷子將★與★對齊般地往上摺起。

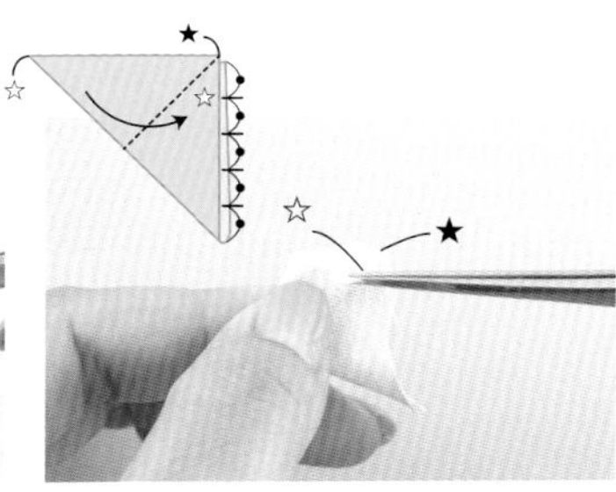

2.轉換方向使★朝向右上以手拿著，在右側的☆處塗上少量的白膠，對齊兩個☆處，摺下左上角。

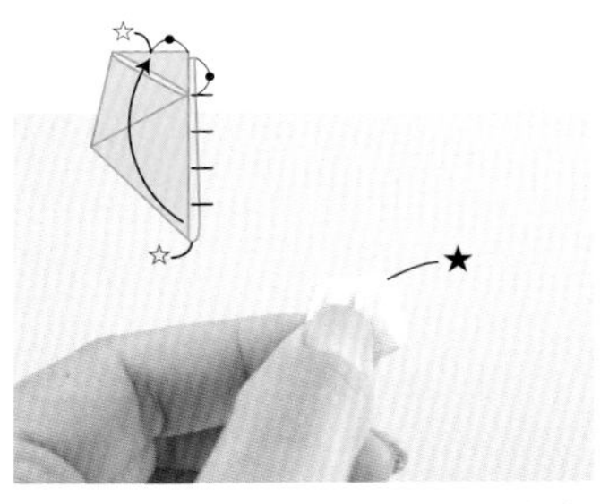

3.作法與步驟2相同，使下側布角如疊在步驟2中摺好的左端似地往上摺。

4.一邊注意不要讓花瓣的形狀變形，一邊以手指捏住★的部分。

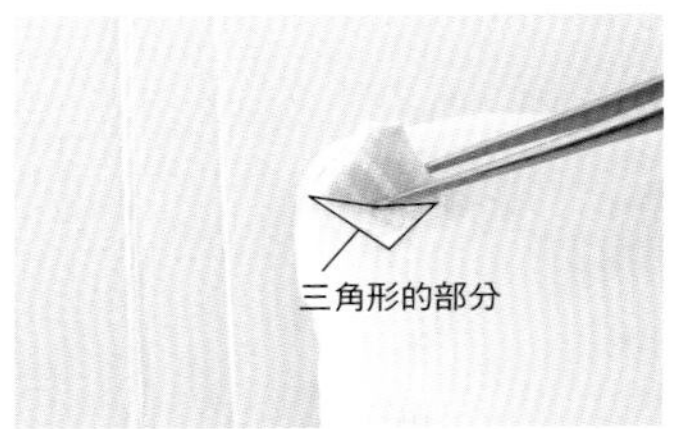

5.以鑷子夾住花瓣較寬的部位，為了使漿糊只沾在三角形的部分，因此要將三角形輕輕的摺彎之後，保持上部花瓣呈現立起的狀態，再放於漿糊台面上。

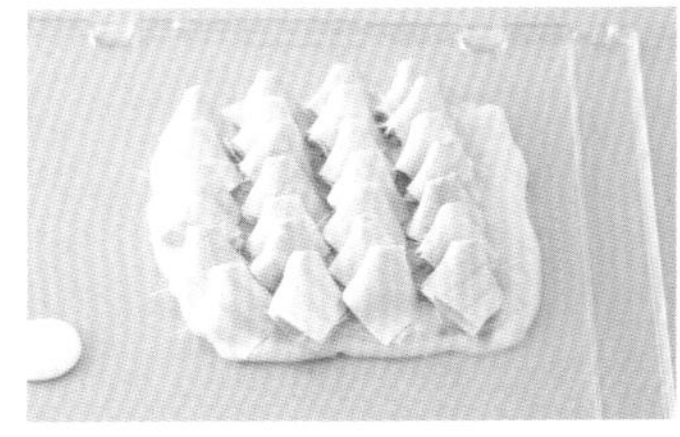

6.以步驟1至5相同作法捏製約30片的花瓣&置於漿糊台面上。

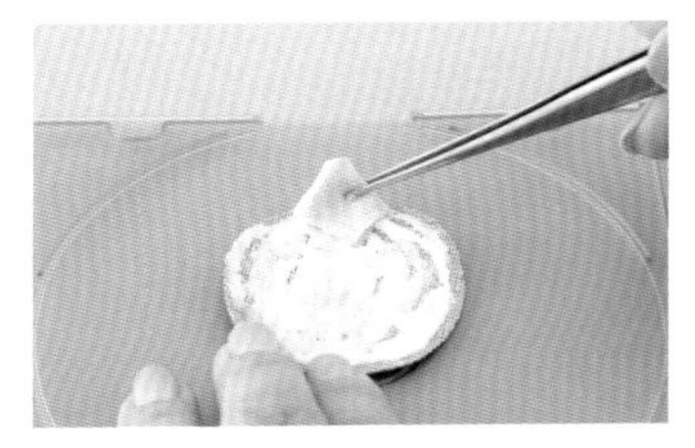

7.靜待15分鐘，直至漿糊完全滲透到布裡為止，再將白膠塗於底座合成皮的裡側&放上第1片的花瓣（僅將步驟5的三角形部分放於底座上）。

8.以步驟7相同作法將第1段的花瓣均等地放上去，且不讓之間有空隙地調整片數。圖示中共擺入7片花瓣。

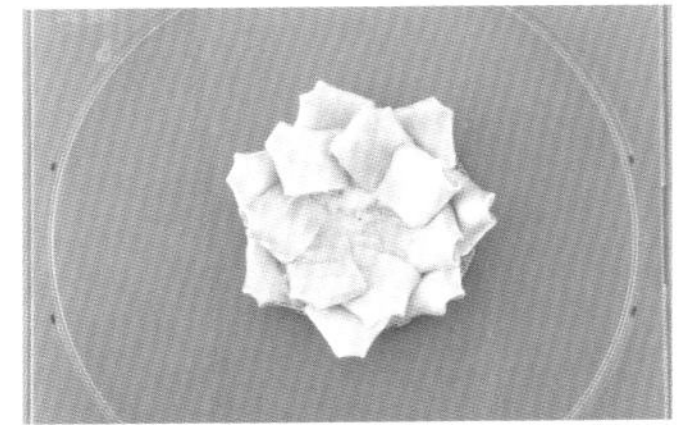

9.與第1段交錯地擺放上第2段的花瓣。請確實地將步驟5中的三角形處黏貼在合成皮面上！

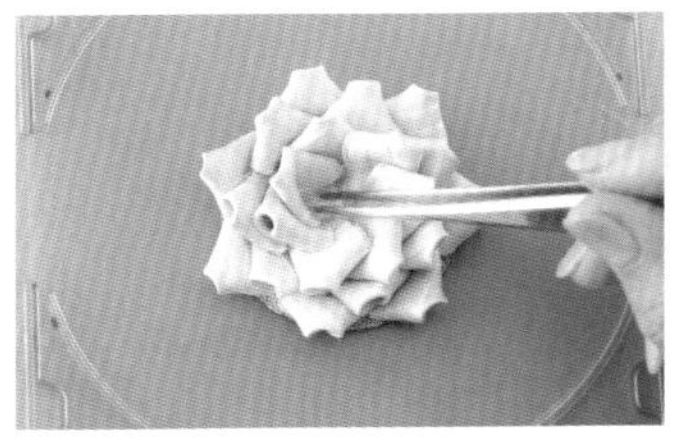

10.以步驟9相同作法放置第3段&第4段的花瓣。一邊以鑷子按壓，一邊立起花瓣後放置。

11.一邊檢視平衡感，一邊添加花瓣，直至完成如圖示般的樣態為止。再將整體的形狀稍作調整，以期側視時也一樣的美麗。

參照p.15「一顆顆地裝飾上串珠」，裝飾上花蕊。靜置1至2天，待漿糊&白膠完全乾燥為止。

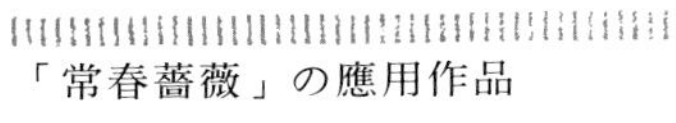

「常春薔薇」の應用作品

p.40　黏貼於胸針的五金台座上之後，別在洋裝或帽子上都相當地時髦。

I-1
I-6
I-2
I-5
I-4
I-3

「結球玫瑰」

將基本圓撮的花瓣展開之後，再捏成渾圓的球狀玫瑰。
捏法參照p.16「基本の圓撮」。

◎材料

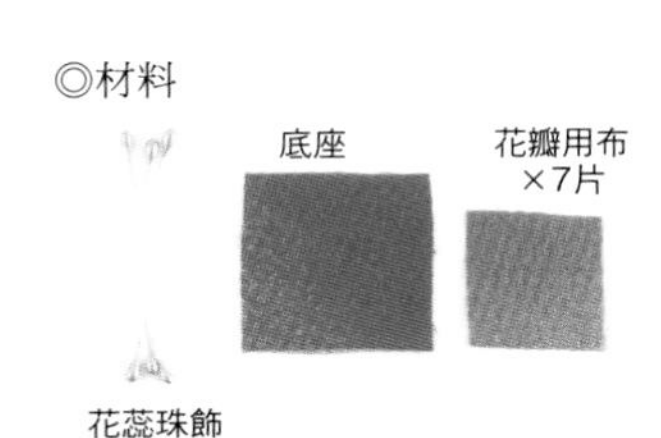

底座用布（4×4cm）1片
花瓣用布（3×3cm）7片
花蕊珠飾（人造花蕊／圓珠長約3mm至4mm）適量

1.參照p.17步驟1至7的作法，捏製7片圓撮花瓣&置於漿糊台面上，靜待15分鐘。

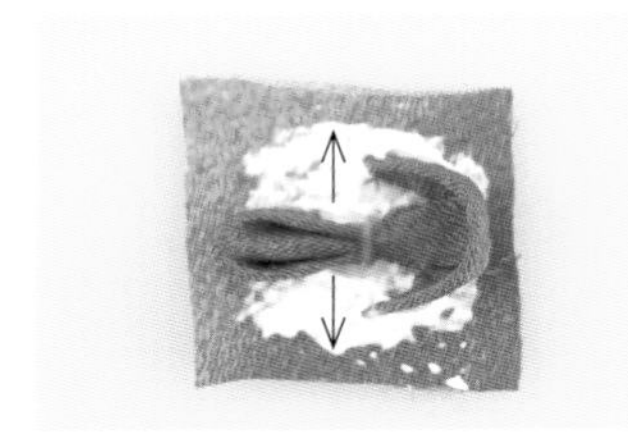

2.於底座布片上塗抹白膠之後，對向放置2片花瓣，並將花朵中心捻壓後散開，如同以2片花瓣作成圓形般的展開花瓣的根部。

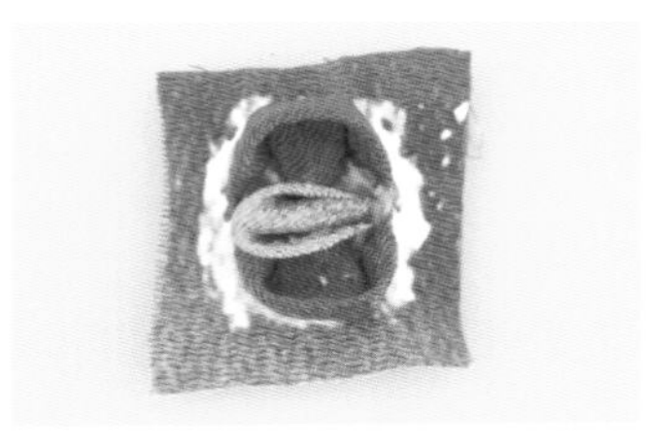

3.將完成的步驟2以90°旋轉之後，在中間處放上第2段的花瓣。建議連同台面一起旋轉，經常保持花瓣橫向擺放，作業起來會較為順暢。

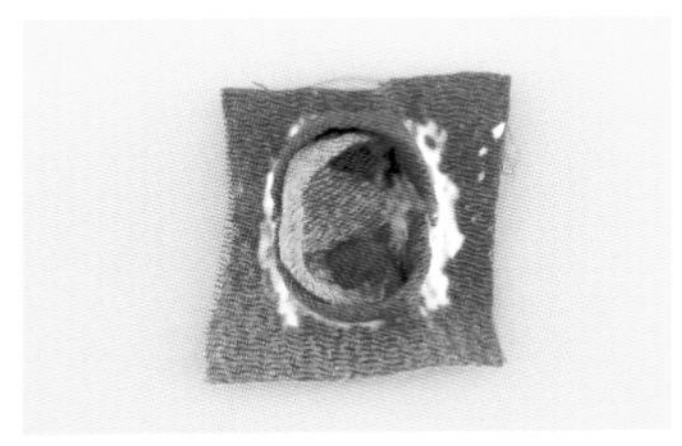

4.第2段花瓣的作法與第1段相同，自中心捻壓後打開根部，使之沿著第1段花瓣的內側展開。

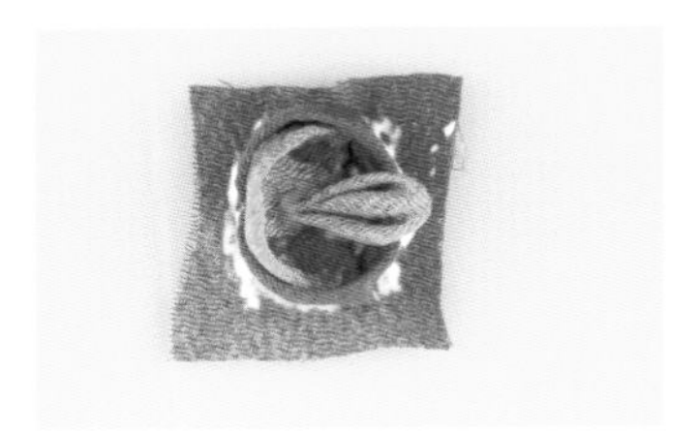

5.將第2段的第2片花瓣對向似的置於第1片的花瓣上方。

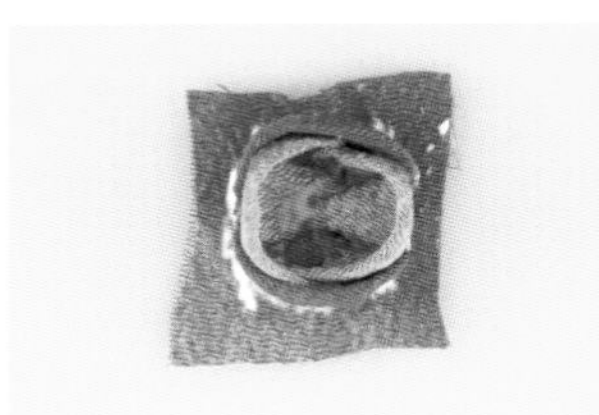

6.以步驟4相同作法將第2片花瓣自中心捻壓後打開根部，使之沿著第1段花瓣的內側展開。

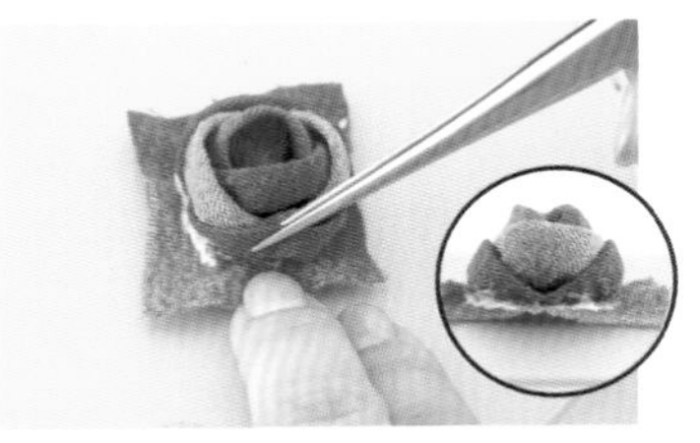

7.重覆步驟3至6的作法，一邊檢視平衡感，一邊添加花瓣。此步驟為重疊上第3段的花瓣，需依據用布的厚度調整片數！最後，將花瓣往上拉起，再將整體的形狀稍作調整，以期從側面看去，將呈現出漂亮的球狀。

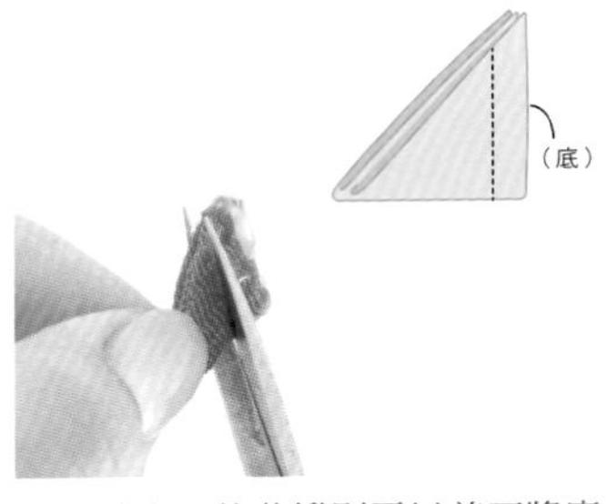

8.置於中心的花瓣則需以剪刀將底部剪去約1/3左右，調整大小。

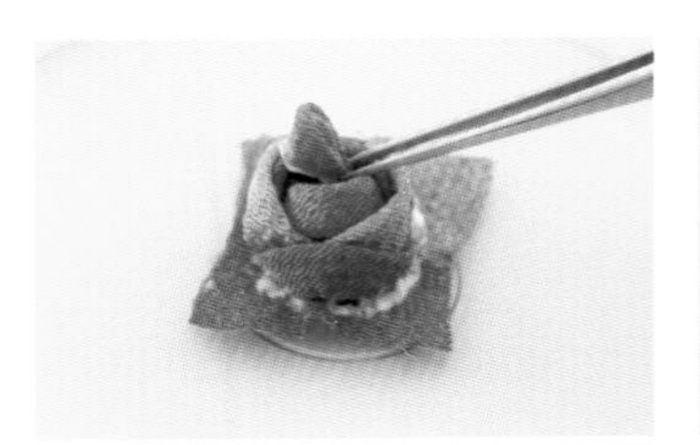

9.將步驟8的花瓣底部塗上漿糊，稍微弄圓一些之後，插入布花的中心。

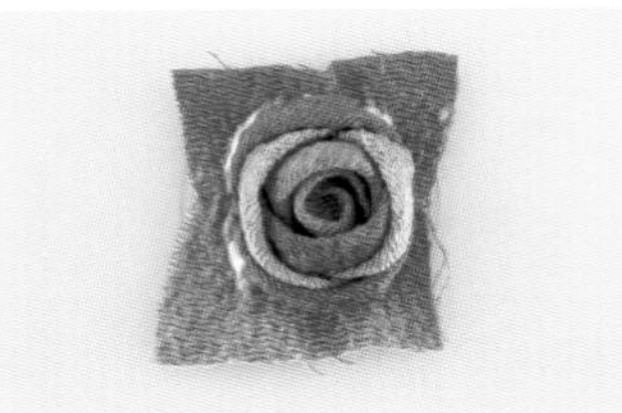

10.完成花形。將形狀稍作調整，以期由上往下俯視時，仍呈現完美的圓形。

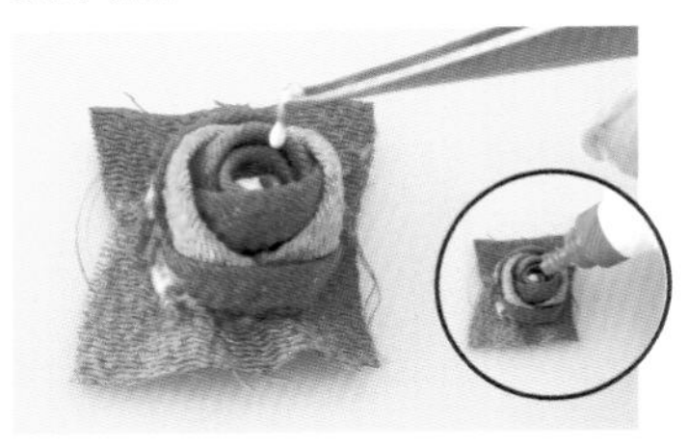

11.將白膠滴入中心處，參照p.15「裝飾上人造花蕊」，將剪好的人造花蕊根部也塗上白膠，裝飾上花蕊。

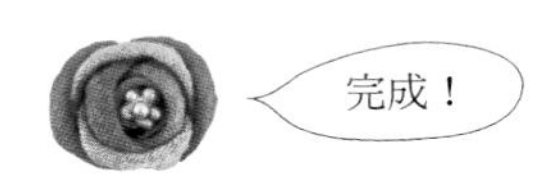

靜置乾燥1至2天之後，再參照p.15「捏撮和風布花の製作流程」，沿著花瓣邊緣修剪底座布片。

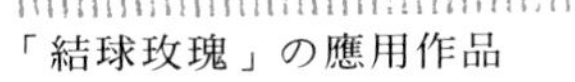

「結球玫瑰」の應用作品

p.10　若以棉布捏製，也適用於西式的穿搭喔！

J-1
J-2
J-3
J-4

「袋撮花蕾」

將摺成三角形的布片一層層地捲繞捏製而成。先捏作花瓣，再配置成喜歡的形狀。
此作法需一邊檢視平衡感，一邊調整花瓣的片數，建議可預先多捏製一些花瓣備用。

◎材料

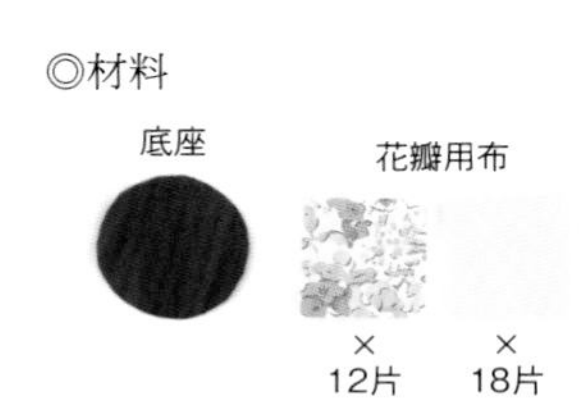

底座用布（剪成直徑3.5cm的合成皮）1片
花瓣用布（3×3cm）30片

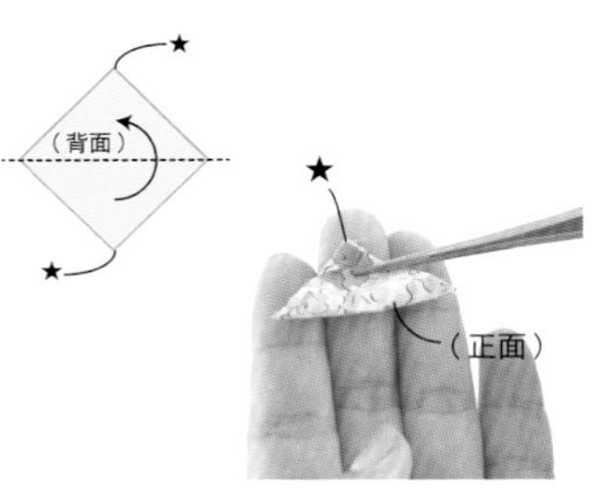

1.將花瓣用布的背面朝上置於手上，以鑷子將★與★對齊般的往上摺起。

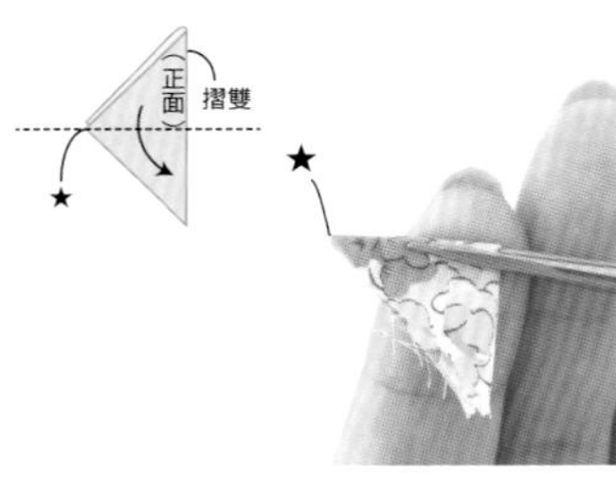

2.將步驟1的摺雙邊擺放於右側，以鑷子夾住三角形的中心，如往內倒般的轉動鑷子，將布片由上往下對摺。

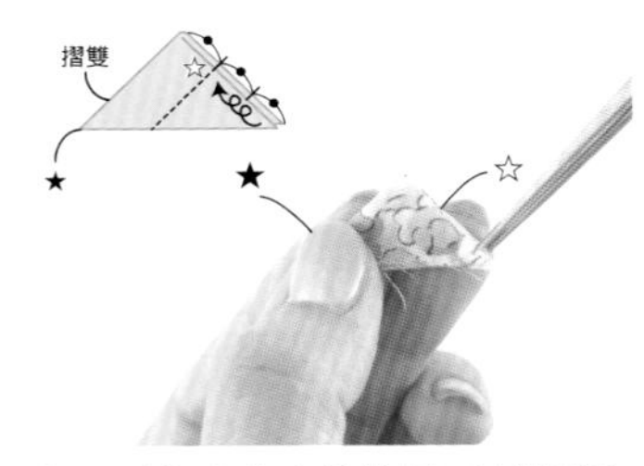

3.以手指拿著★的位置，以鑷子沾少量白膠塗於對側的布端，加以捏撮。以鑷子尖端作為軸心，沿著三角形右側的邊緣，往上捲起至☆。

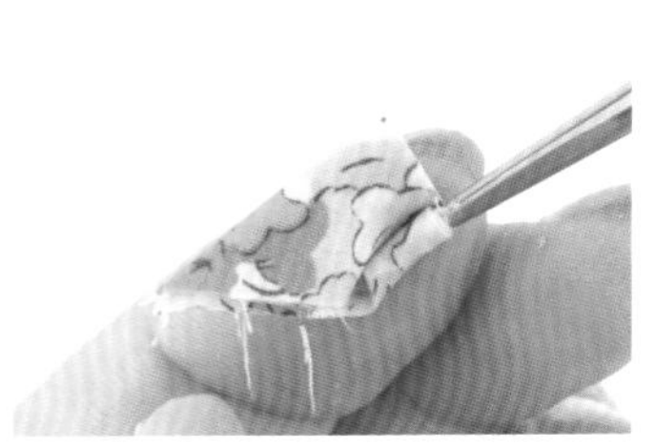

4.往上捲至☆之後，先暫時停下。

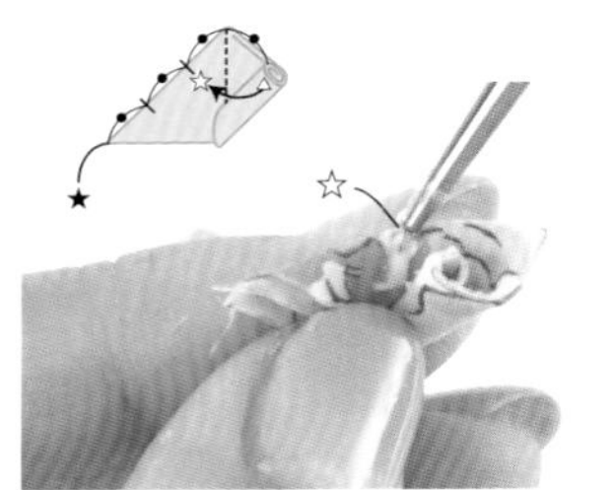

5.以上捲的布腳為軸心，將△黏於☆上方似的大幅度地捲起後，暫時抽出鑷子，且以鑷子將白膠沾於☆處。

6.以鑷子重新捏整捲繞的中心處，使之對齊塗抹白膠的部分。

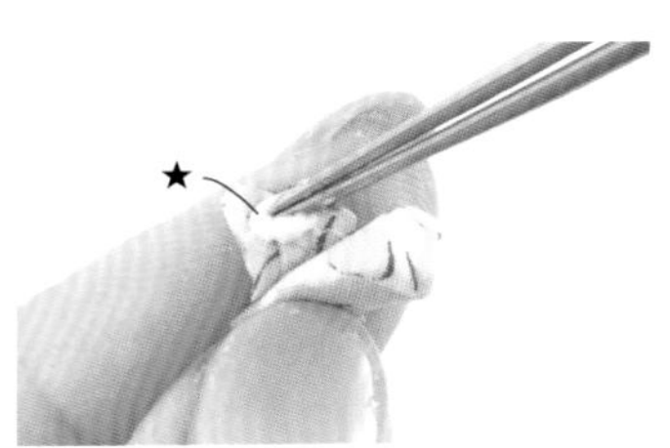

7.沿著左側邊緣，以手指一層層的捲繞，再以鑷子將★處塗上白膠，往上捲至最後為止。

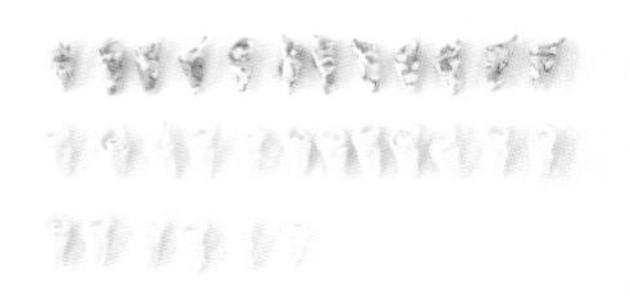

8.以步驟1至7的作法捏製剩餘的花瓣。此處共製作了18片的素色花瓣&12片的印花花瓣。（可自行依據布片的厚度調整花瓣的片數）

9.將白膠塗於底座合成皮的背面之後，擺放上第1段的花瓣。最好如排列出漂亮的圓形般，無間隙地緊密擺放。

10.在花瓣的根部後側沾黏白膠，與第1段交錯般的擺上第2段的花瓣。重覆此步驟，一邊檢視平衡感，一邊疊上第3段&第4段的花瓣。

11.將整體的形狀稍作調整，以期從側面看去時，花瓣將呈現出美麗的曲線。若之間出現縫隙，可插入花瓣予以調整。

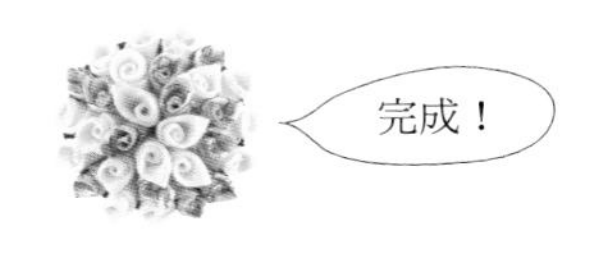

靜置至白膠
完全乾燥為止。

「袋撮花蕾」の應用作品

p.41　若在花瓣間添加上珍珠，將顯得更加活潑&可愛。此大小非常適合作為耳環。

「捏撮葉片」

以圓撮或劍撮捏成的葉片。捏法參照p.16至p.27。

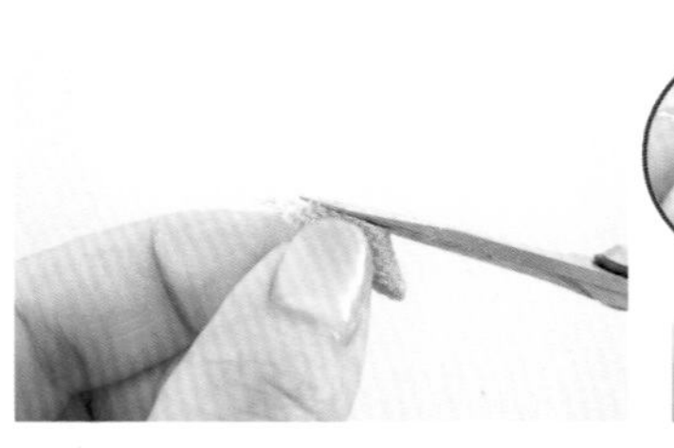

1.參照p.17及p.25步驟1至6的作法，進行至修剪布底的流程為止。

2.以指尖沾取白膠，塗封於步驟1的布底處。

3.以手指用力夾住塗上白膠的布底，使布底緊密地黏合。

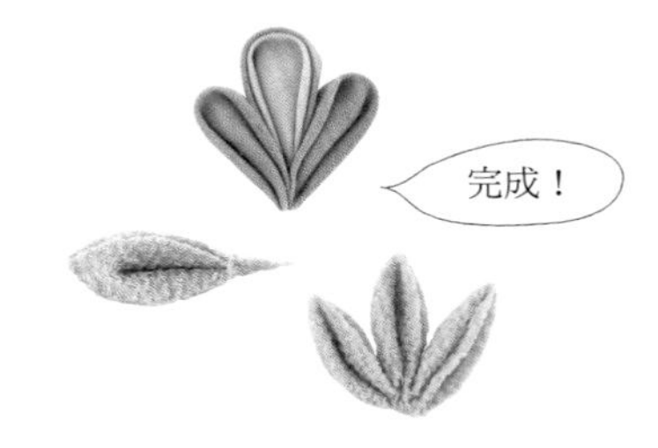

於葉底塗上白膠後，將3片葉片配置於漿糊台面上；靜置乾燥之後，連同3片葉子一併剝下。

「裡返葉片」

將基本の劍撮翻面捏作而成，葉片可以表現出立體感。

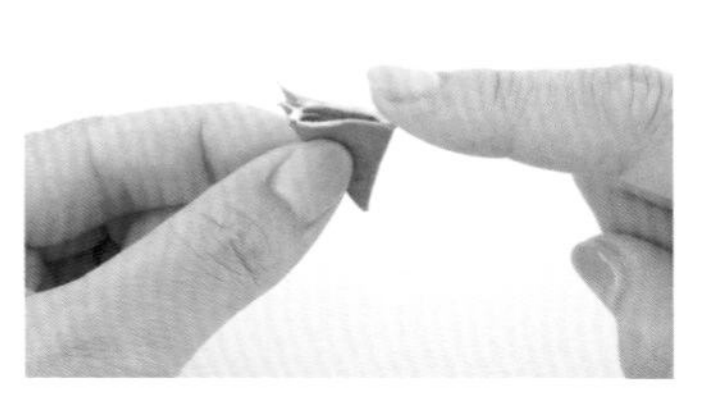

1.參照p25步驟1至5的作法捻捏葉片。不需端切（斜剪布底），僅以手指取白膠塗封於布底即可。

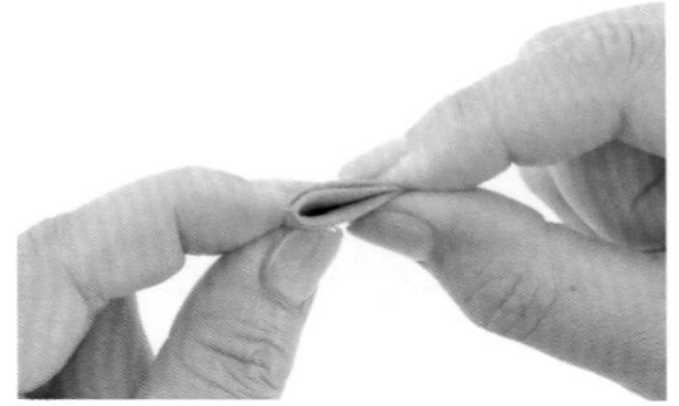

2.以手指牢牢的夾住布底處，使其緊密黏合。

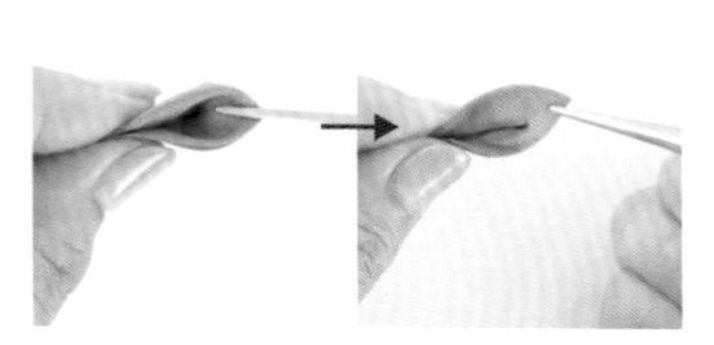

3.待白膠完全乾燥之後，以手指牢牢按住葉片的根部，並以鑷子捏著葉尖處將其翻面。

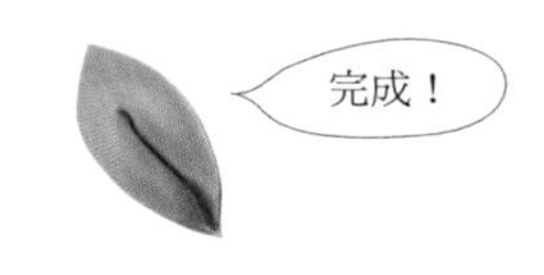

完成比「捏撮葉片」更具高度&立體感的葉片。

更專業

捏撮和風布花の專用道具&傳統材料

「撮細工」是從江戶時代傳承至今的日本傳統文化工藝，據聞有自古於江戶城的大奧也甚為流行一說。
對於想要進一步探究和風布花世界的你，以下將特別介紹一些專業級的專門道具&傳統布料。

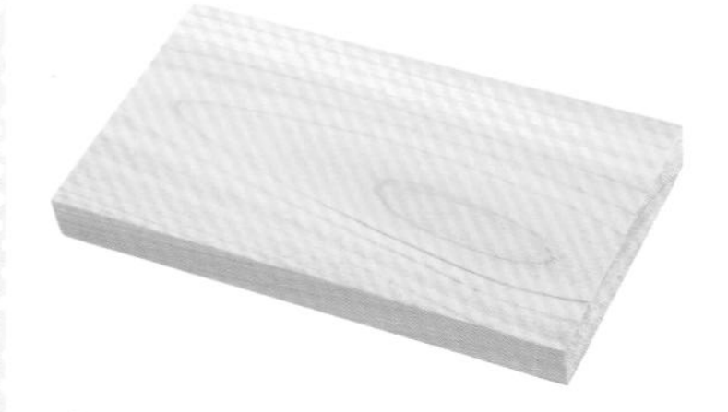

漿糊板
具厚度，可以使捏撮和風布花的作業更加容易的檜木製漿糊板，是撮細工職人愛用的道具之一。寬11cm×長20cm×厚2cm。

漿糊刮刀
使塗開漿糊更為容易的竹製漿糊刮刀。寬2cm・長20cm。於正絹（純絲）等容易延展的布料上，若以漿糊刮刀操作攪拌過的漿糊，會較為容易處理。

羽二重（日本絲綢）
質薄的平織絲絹，常被作用於舞孃的髮簪等飾物。於撮細工的使用上，也常被染成各種顏色&剪成正方形的布塊來販賣。

用具・材料提供／TSUMAMI堂（詳細請見p.64）

Chapter2

搭配日常外出服の和風布花飾品

單朵飾花

除了作為髮飾，還可當成飾品別在帽子或包包上……為了搭配不同的場合使用，而選用結合髮夾&安全別針的2way五金。

作法／p.68
捏法／p.28「露月之花」

與媽媽同款的髮飾。
大人&小孩皆宜的尺寸。

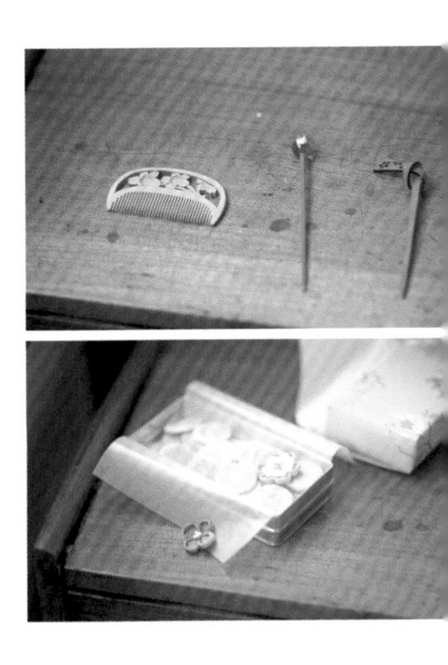

長春薔薇の蘇格蘭別針

長春薔薇因其不問四季全年開花而命名。此款玫瑰布花，可在夏天搭配帽子、冬天搭配外套，全年都派得上用場。

作法／p.68
捏法／p.30「長春薔薇」

袋撮花蕾的珍珠耳環

圓滾可愛的袋撮花蕾，黑白配色展現高雅，大紅綿質則顯示華麗。依配戴場合可嘗試不同的顏色。

作法／p.68
捏法／p.34「袋撮花蕾」

大理花項鍊

以層層花瓣堆疊成華麗的大理花。令人不可思議的是，即便以相同布塊組合，也會依花瓣數&花樣位置的變化，而呈現迥異的風格。

作法／p.69
捏法／p.26「二重・二段の劍撮」

輕鬆成為極簡風穿搭的注目焦點。
一旦說出「這是我自己作的喔」，
肯定會令大家大吃一驚！

花團項鍊

把小花團簇的布花作成項鍊吧！將五顏六色的花朵佩戴在身上，精神似乎就能為之一振哩！

作法／p.69
捏法／p.16「基本の圓撮」
p.24「基本の劍撮」

26

腰帶釦飾&吊飾──薄雲──

以「如透過薄雲隱約可見的月光般的花朵」為靈感的作品。最適合與和服或浴衣搭配，享受整體造型的樂趣。

作法／p.70
捏法／p.16「基本の圓撮」
p.24「基本の劍撮」

Chapter3 日常生活中の和風布花傢飾

29

香羅蘭

在捏撮布花上裝上磁鐵或別針，搖身變成一朵綴飾於牆面的香羅蘭。

作法／p.70
捏法／p.24「基本の劍撮」
p.26「二重の劍撮」

31

30

祝儀袋

把即使只是小小的一朵也能耀眼奪目的八重櫻捏撮布花裝飾在祝儀外袋上。可依祝福的對象&祝賀種類，自由搭配不同的花形&花色。

作法／p.71
捏法／p.18「二重・二段の圓撮」
p.36「捏撮葉片」

包布巾花飾

可以將伴手禮安穩地固定在包巾內的好幫手。將八重梅的胸針繫在布結上，具有畫龍點睛的效果。

作法／p.71
捏法／p.18「二段の圓撮」
p.36「捏撮葉片」

新年花環

在樸素的花環上綴飾上和風布花，轉眼間就成了一輪別具現代感的新年花環，以紅白花色放肆地上演一場最華麗的演出。

作法／p.72
捏法／p.16「基本の圓撮」・p.18「二重・二段の圓撮」・p.26「二重・二段の劍撮」・p.36「捏撮葉片」
花環協力製作／Atelier Lemonleaf

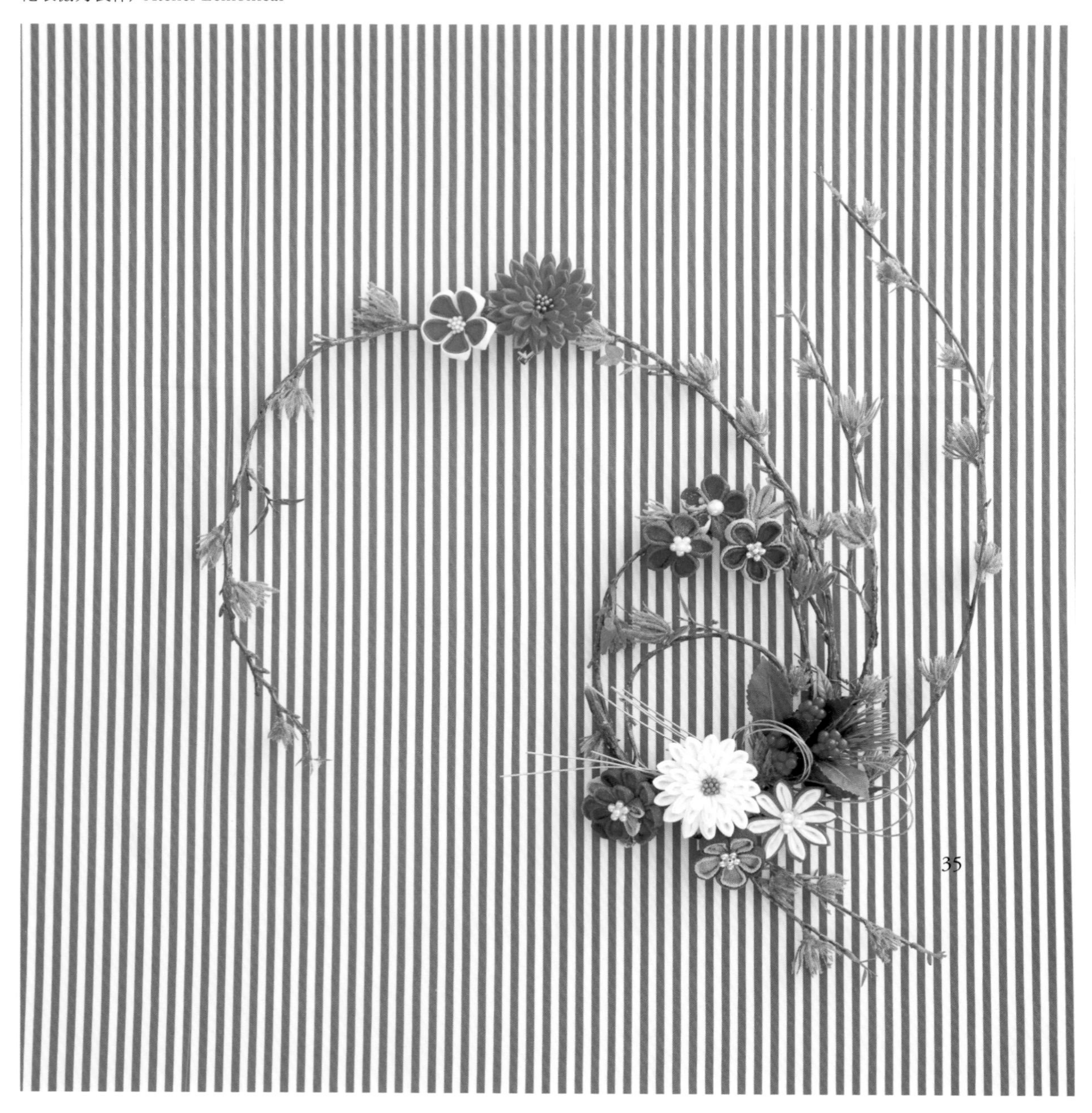

36

日常の花圈

以藍色花朵為中心，再結合上人造花&緞飾，西式風格的房間也能適用喔！

作法／p.72
捏法／p.24「基本の劍撮」・p.26「二重・二段の劍撮」・p.28「露月之花」
花環協力製作／Atelier Lemonleaf

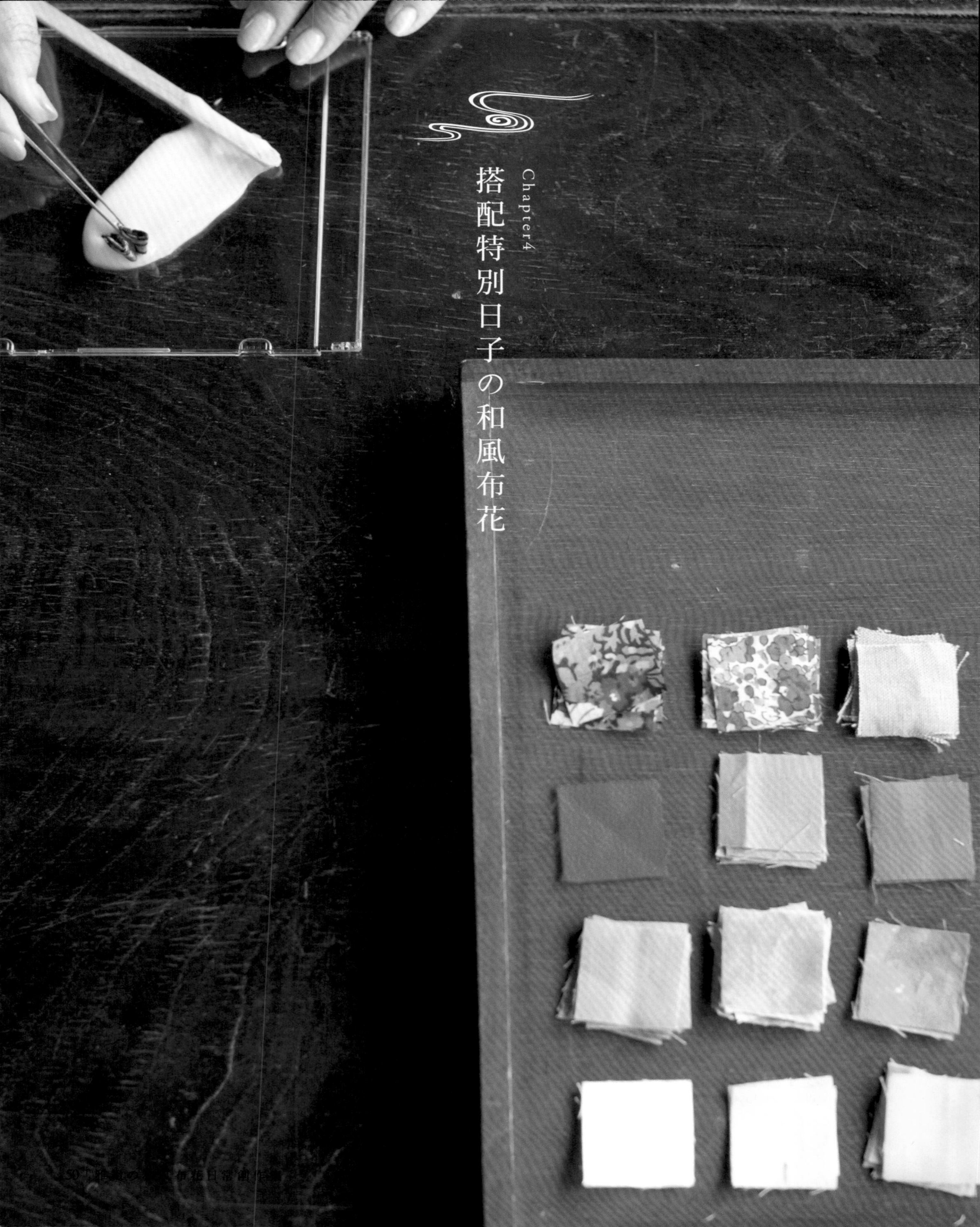

Chapter4

搭配特別日子の和風布花

自然風胸花

將和風布花作成如花環般的形狀，與髮飾&合成珍珠的項鍊組合而成。

作法／p.73
捏法／p.16「基本の圓撮」・p.18「二重の圓撮」・p24「基本の劍撮」・p.26「二重の劍撮」・p.28「露月之花」

半球菊髮飾

重疊數層的花瓣於立體基座上，展現出菊花的高雅。在不同地方適時使用淡色花紋的布料，將使花形更有立體感。

作法／p.74

捏法／p.24「基本の劍撮」

桔梗花之三朵花飾

適宜搭配穿著稍有日式風服裝的外出打扮，或可作為盤髮時的髮飾。漸層色調的縮緬質感更顯成熟魅力。

作法／p.71
捏法／p.22「桔梗」
p.36「捏撮葉片」

七五三の2way花簪

極簡風格的白色髮飾可以搭配任何款式的和服。混入淡色系的柔和花樣布質，更蘊釀出優雅的印象。

作法／p.63「3. 製作2way花簪」
捏法／p.16「基本の圓撮」・p.18「二重の圓撮」・p.36「捏撮葉片」
材料／p.75

七五三の三件組

以附墜銀片的三角髮夾、2way花簪、流蘇，三件為一組。與小孩一邊討論，一邊選定顏色，度過愉快時光。
作法／p.62
捏法／p.16「基本の圓撮」・p.18「二重・二段の圓撮」・p.36「捏撮葉片」
材料／p.75

七五三の2way花簪&
附墜銀片の三角髮夾

卸下左頁三件組的流蘇，完成異色款的設計。可以搭配新年的日式服裝&浴衣，甚至是平時的隨性裝扮也OK喔！

作法／p.62

捏法／p.16「基本の圓撮」・p.18「二重・二段の圓撮」・p.36「捏撮葉片」

材料／p.75

成人節の髮飾——京紫色——

縮緬髮飾獨特的厚實質感最適合在特殊節日使用了！選用漸層色的縮緬布時，更能展現出層次感。

作法／p.76
捏法／p.16「基本の圓撮」・p.18「二重・二段の圓撮」・p.36「捏撮葉片」

成人節の髮飾——深紅色——

以深紅色為基調，再以淡綠色系搭配組合。重點在於配色。請先選定喜歡的主色調，再加上次色調作出完美的調合。

作法／p.76
捏法／p.16「基本の圓撮」、p.18「二重・二段の圓撮」、p.36「捏撮葉片」

七五三の三件式花簪組合

一邊製作p.58之七五三節的3件式花簪，一邊習得撮細工的組合技法吧！

◎材料

[花朵&葉片]
附墜銀片の三角髮夾…小花 3個・三片葉 1個
2way花簪…二段花 1個・小花 5個・三片葉 3個

[其他]
底座…合成皮・與葉片同材質的布片（3×3cm）各適量
附墜銀片の三角髮夾…帶角的三角髮夾 1個・12片銀片串 1個
2way花簪…厚紙片（直徑3.5cm）1片・黑色布片（5×5cm）1片・剩布（直徑2cm）1片・直徑2.8cm的2way髮簪五金配件1個
飾穗用釘耙…U形夾 1支
通用…絹線・鐵絲（#24）各適量
※各花形的材料&尺寸參照p.75，飾穗的作法參照p.76。

絹線……
組合髮簪時使用的100％天然絹線，與日本繡線極為相似。若無法取得，也可以使用手藝店販賣的手藝用線等線材取代。

絹線

手藝用線

1.製作底墊

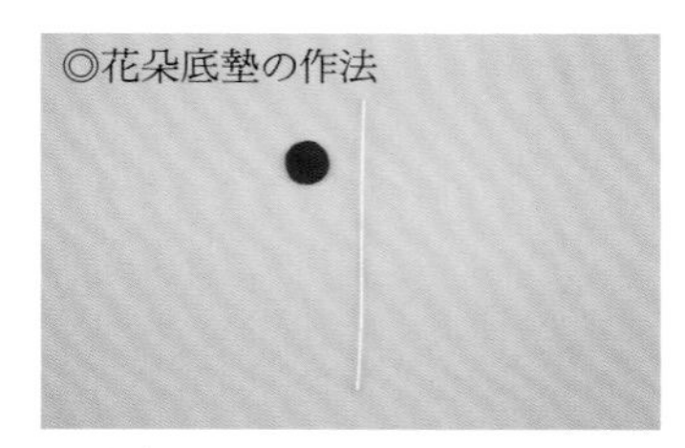

1.將合成皮剪成直徑1.5cm（二段花為直徑2cm）的圓形，鐵絲剪至約10cm長。

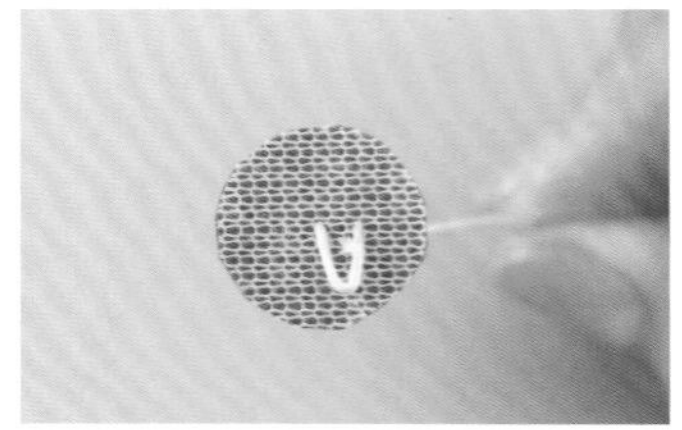
2.將鐵絲穿過合成皮的中心，並在鐵絲的一端約0.6cm處摺彎成兩半，以免鐵絲脫落。

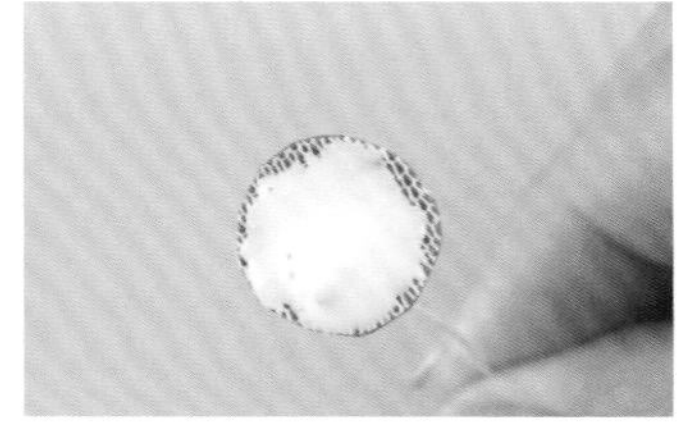
3.於合成皮的背面塗上白膠。

4.黏在布花的背面，靜置至白膠完全乾燥為止。

1.準備半片與捏撮葉片同材質&同尺寸的布片，將鐵絲分別剪成約10cm長。

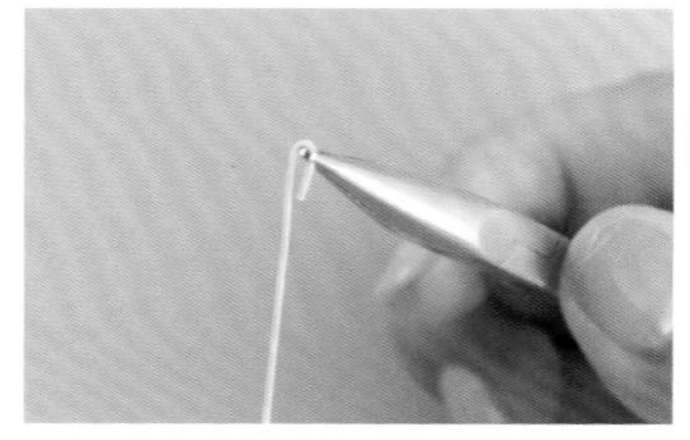
2.將鐵絲的前端約0.6cm處摺彎成圈狀。

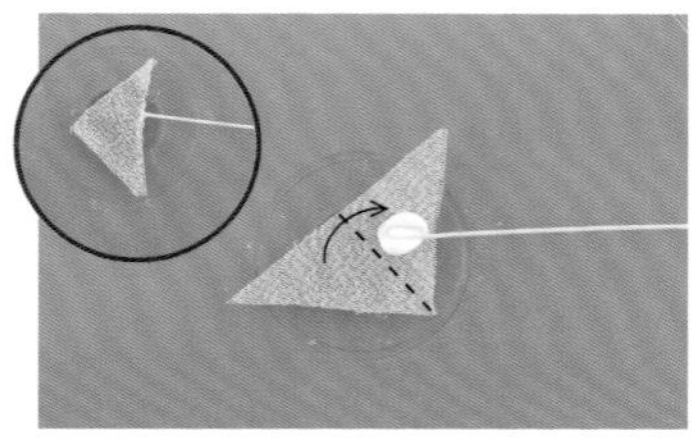
3.將白膠滴在步驟1中剪好的布片上，再將步驟2中摺彎的鐵絲前端置於白膠上，將布片對摺後使之黏在一起。

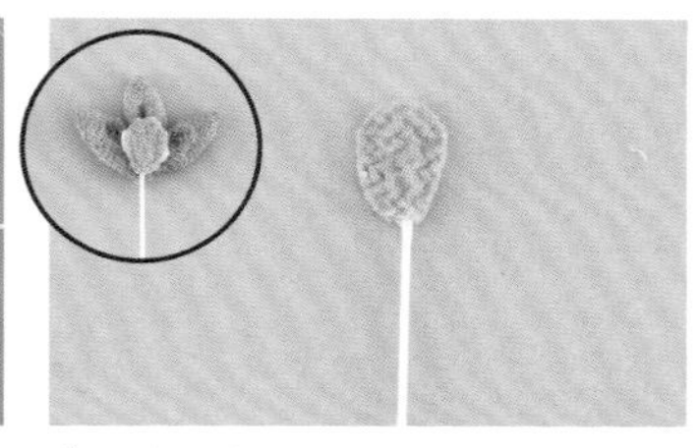
4.待白膠乾燥之後，沿著鐵絲剪下多餘的布&修剪成水滴狀，以白膠黏貼於葉片的背面。

2.製作附墜銀片の三角髮夾

1.備齊所有材料。參照「3.製作2way花簪」的步驟2&3，將3朵花與葉片組合起來。

2.一邊檢視平衡感，一邊調整花朵、葉片與銀片的角度，以期從正面看去時也能呈現圖示般的狀態。

3.距鐵絲摺彎位置的下方3cm處，以鉗子剪下多餘部分&塗上白膠之後，緊緊地纏繞絹線予以固定。之後，再配合三角髮夾凸角的長度，連同絹線一併剪下。

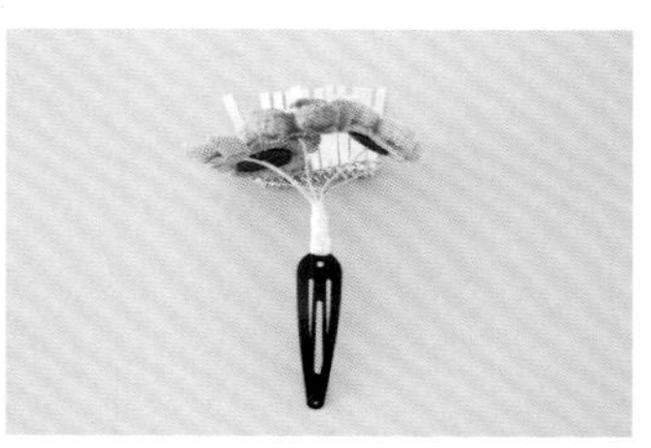
4.將步驟3對齊塗好白膠的三角髮夾凸角處，再次纏繞絹線予以固定。纏完後，以手指塗上白膠將之封固。穿戴時為使花朵能向前綻放，需將鐵絲往上彎曲45°。

3.製作2way花簪

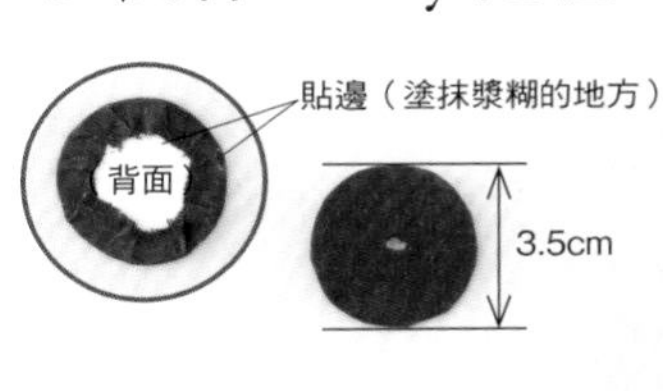

1.將裁成直徑3.5cm圓的厚紙板以黑色布片包覆&以白膠黏貼，再以錐子於中心處打洞。此時，白膠僅塗在貼邊上。

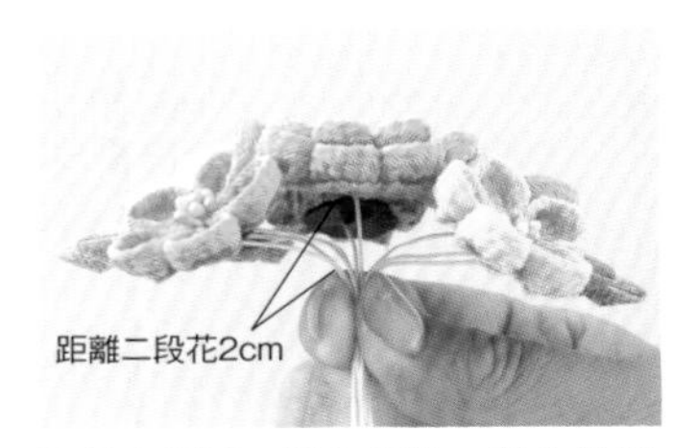

2.將參照「1.製作底墊」製作的附底座布花&葉片組合完成，並彎摺鐵絲調整外形，以確保從側面欣賞時同樣美觀。

3.利用步驟2中已捆綁成束中的最長一條鐵絲，緊緊地纏繞其他鐵絲予以固定。再在距鐵絲摺彎位置下方5cm處，以鉗子剪下多餘的部分。

4.將步驟1穿過步驟3中，穿至鐵絲摺彎的位置為止。

5.以扁嘴鉗夾住花側鐵絲，並將扭轉部分的鐵絲反轉90度之後，固定圓形底座。維持原狀，盡可能地纏繞鐵絲使其藏在直徑2.8cm的圓內。

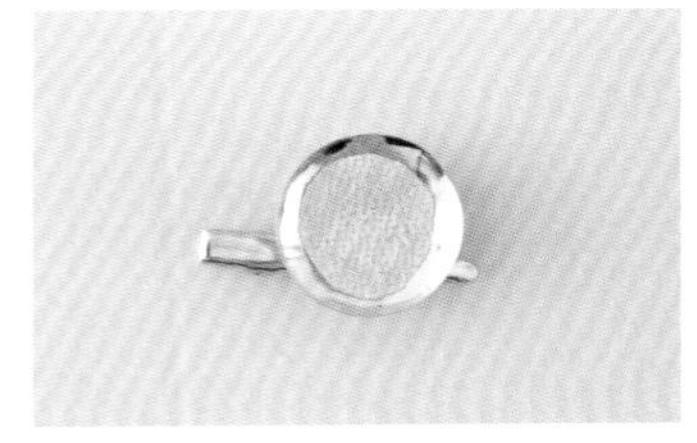

6.將剪成圓形的剩餘布片以白膠黏在2way髮簪五金的中間。

7.自步驟6的上方加入白膠，填滿整個台座。

8.對齊步驟5&步驟7，以洗衣夾之類的夾子牢牢固定。靜置至白膠完全乾燥為止，再將花朵推往五金的方向，整理形狀後即告完成。固定時，應注意避免刮傷五金。

4.製作飾穗用釘耙

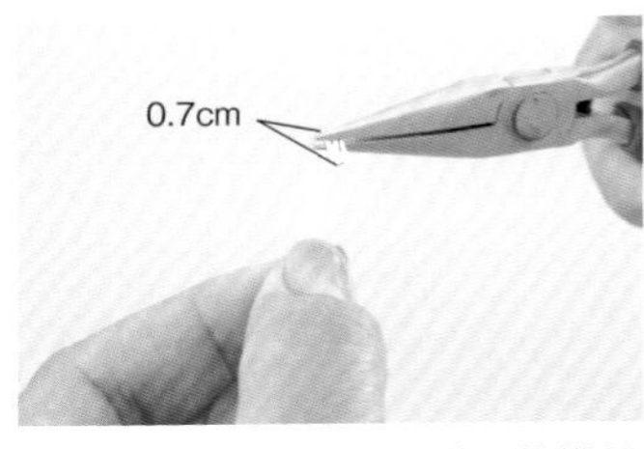

1.將3條鐵絲並列，以鉗子將鐵絲前端摺彎約0.7cm。為使3條鐵絲彎曲的程度一致，建議統一加以摺彎。

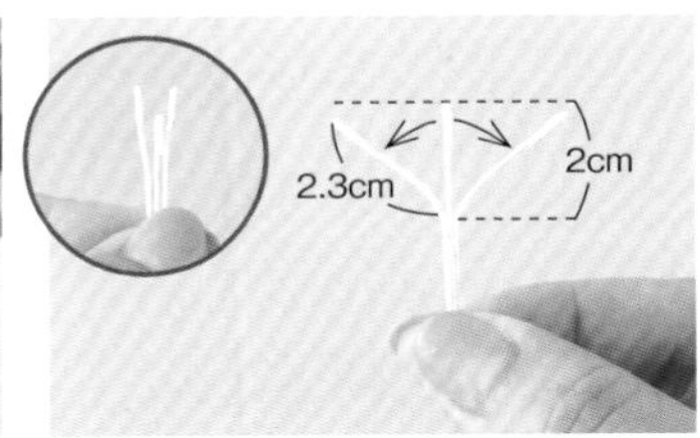

2.依照左上方圖示，將正中央的鐵絲壓低3mm後以手拿著，再將兩側的鐵絲以相同角度展開。

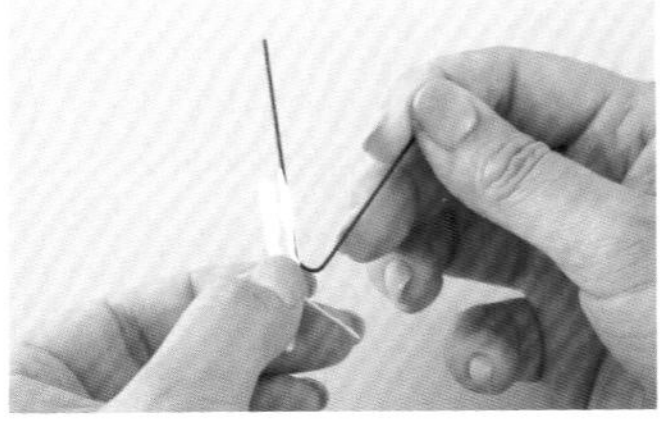

3.距鐵絲摺彎位置的下方1.5cm處，剪下多餘部分。拉開U形夾，於圖示位置塗上白膠，再與鐵絲的直線部分合為一體。

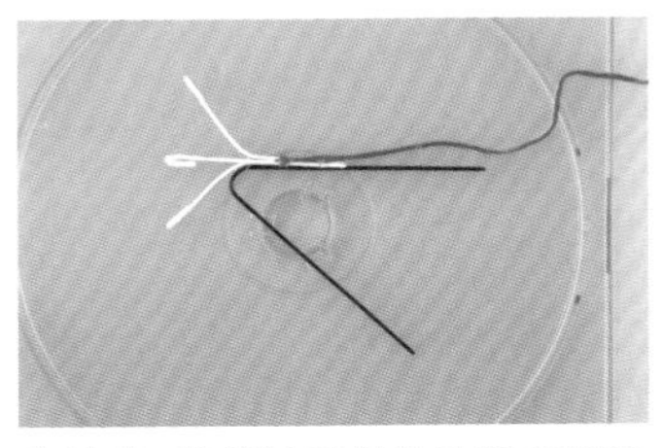

4.接著，將絹線重疊般地黏在鐵絲的2／3處上。此處為了容易辨別，刻意使用有色線。

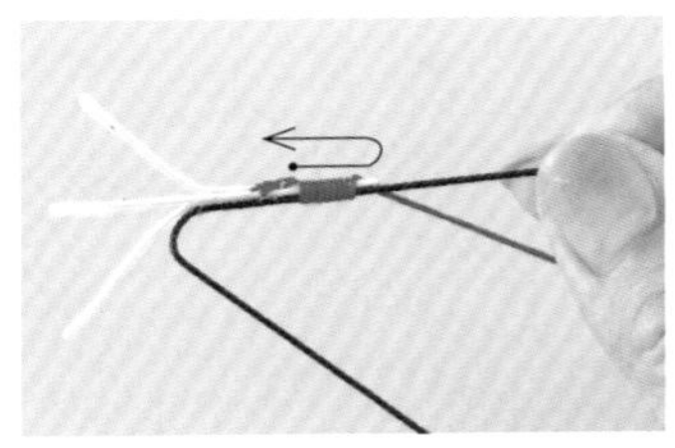

5.首先，往右邊纏繞絹線至鐵絲的末端，摺回之後，再往左邊纏繞至鐵絲摺彎的位置為止。

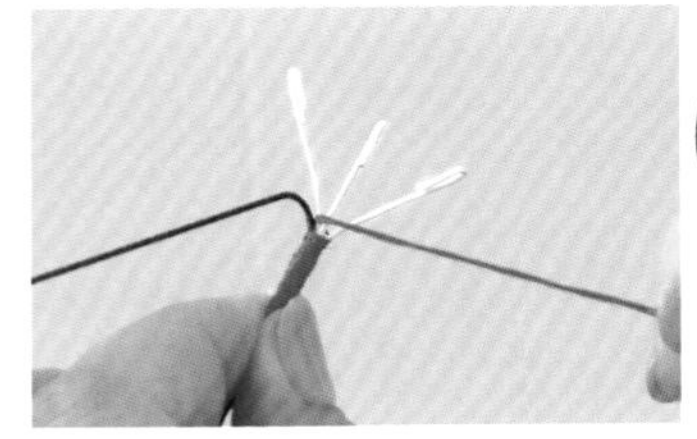

6.纏繞至鐵絲摺彎的位置後，再纏繞鐵絲3次之後作摺回，纏繞回起始的位置。

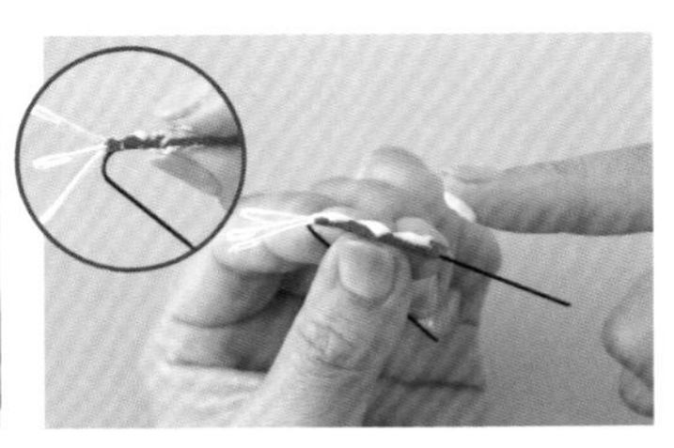

7.回到開始纏繞的位置後，為避免鬆脫，需一手壓線一手剪線，且將白膠塗於絹線上。依照左上方圖示，全面塗封上白膠。

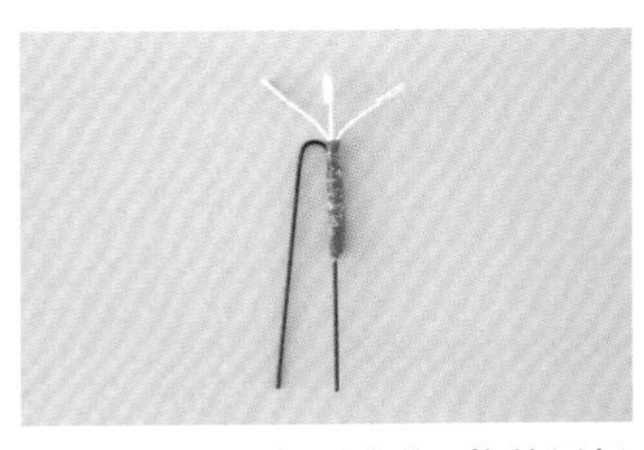

8.待白膠完全乾燥之後，飾穗用釘耙就完成了！參照p.76製作飾穗&加裝於其上。

「雅緻の和風布花日常創作集」

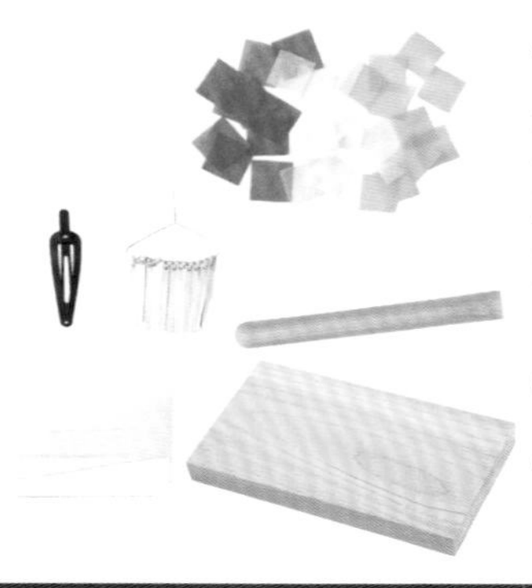

TSUMAMI堂

http://tsumami-do.com/
世界唯一一間撮細工之正規體驗型店舖。除了正規的工具&材料，還備有豐富簡便的商品如裁剪好的羽二重（四文目）等。店舖中時常舉辦研習會，也可網路購物。
東京都台東區淺草橋 3-20-16
Tel. 03-3864-8716

la droquerie 京都北山店

http://www.ladroguerie.jp/
總店開設於巴黎的手藝材料店。販賣串珠、毛線、鈕釦等物。店內充滿了巴黎香氛氣息的「可愛小物」。本書將其使用在飾品配件或花蕊上。
京都府京都市北區上賀茂岩ヶ垣內町98-4
Tel. 075-724-9711

fabrics & craft isuzu

http://www.rakuten.co.jp/isz/
專門販售各類型的布料，顏色數量&花樣的變化更是首屈一指。除了樂天的網路型商店之外，也有實體店舖。
福岡縣北九州市小倉北區紺屋町13-1 每日西部會館1F
Tel.093-551-6300

和布・和風布料・手藝之店

布語（Nuno Gatari）

http://www.nunogatari.co.jp/
備有豐富的日本傳統花樣布料&縮緬布（也有販賣一越縮緬）的網路商店。店家親自挑選的和布與和風布花簡直是絕配！在「作品展示室」中，還可以欣賞顧客以和布製作的投稿作品。
Tel. 0798-22-6405

（株）LIBERTY JAPAN

http://www.liberty-japan.co.jp/
LIBERTY PRINT的代表素材Tana lawn（高級細棉布）除了易於捏撮，其高雅的色澤也相當適合捏製成和風布花。即便是將製作洋裝剩餘的布塊作為和風布花的重點綴飾，也頗具美感。
東京都中央區銀座1-3-9
MARUITO銀座大樓5F
Tel. 03-3563-0891（代表號）

familiamia

http://www.rakuten.co.jp/familiamia/
只要1個、1片、10cm，皆可訂購的手藝材料網路商店。無論是縮緬布、人造花蕊等的花材、飾品配件……甚至是撮細工使用的素材，全都應有盡有！網站上還有介紹手藝秘訣的影片教學區，也有販售一越縮緬。

Diwabo Tex（株）

http://www.daiwabo-tex.co.jp/
Tsuyutsuki（露月）代表作品「天然胸花（natural corsage）」，是使用美麗的粉紅色・棕色・白色之不規則染〔DD21594S〕，色號No.13。
東京都中央區日本橋富澤町12-20 日本橋T&D大樓5F
Tel.03-4332-5226

（株）LECIEN

http://www.lecien.co.jp/
本書中所使用的是以其優美不規則染為特徵的「Island Style Kathy Mom」系列的「lani dai fabric」。豐富齊全的色數，是撮細工不可獲缺的重要至寶。
大阪府大阪市西區新町1-28-3
四ツ橋Grand Square 7F
Tel.0120-817-125（客服中心）

作品作法

布料種類後方（　）內的文字表示顏色名稱。
作法之中，無特別指定的數字單位皆為cm。
花形＆葉片的捏法請參照p.16至p.36。
◎捏法中的※表示花蕊的裝飾法（參照p.15）。
本書作品使用的縮緬布皆為嫘縈（人造絲）製。

無特別指定的材料可洽詢下列門市&店家的商品。
・飾品配件・串珠…la droquerie
・LIBERTY PRINT…（株）LIBERTY JAPAN
・棉布（不規則染）…（株）LECIEN
・縮緬布…布語（Nuno Gatari）
（洽詢店家的相關資料請見p.64）

花朵三角髮夾&蝴蝶三角髮夾 ／p.6

◎材料（1件・尺寸&片數參照圖示）

1・4／底座…棉布（1＝淺駝色・4＝黃色）前翅用布…棉布（1＝淺駝色&淺綠色・4＝黃色&粉紅色）・LIBERTY PRINT　後翅用布…棉布（1＝淺綠色&綠色・4＝粉紅色）其他…直徑4mm串珠（1＝銀色・4＝金色）3顆・黃色人造花蕊2支

2／底座…一越縮緬（白色）　花瓣用布…一越縮緬（朱華色・白色）　葉片用布…一越縮緬（山葵色）　花蕊裝飾…直徑4mm珍珠6顆

3／底座・花瓣用布…亞麻布（紅色）　花蕊裝飾…直徑4mm茶色珠6顆

5／底座・花瓣用布…印花棉布（☆Paper Rose／黑色）　花蕊裝飾…直徑1cm黑色珠1顆

6／底座…棉布（水藍色）　花瓣用布…棉布（水藍色）・LIBERTY PRINT　花蕊裝飾…直徑4mm藍色珠6顆

通用／三角髮夾1支・合成皮（茶色）1.8×1.8cm 1片　※記載於顏色名稱前，附☆記號的布料為isuzu的商品

◎捏法

1・4／參照p.18「二重の圓撮」（前翅參照圖示）。※參照圖示，裝飾串珠。

2／參照p.20「櫻花」。※花蕊處將串珠串成圓形之後裝飾。

3・5・6／參照p.24「基本の劍撮」。※3・6＝將串珠串成圓形之後再裝飾。※5＝一顆顆地裝飾上串珠。

◎作法　參照p.21。

花朵髮束 ／p.8

◎材料（1件・尺寸&片數參照圖示）

7・8・11／包釦用布…〔大〕LIBERTY PRINT　底座・花瓣用布…LIBERTY PRINT・7&8＝棉布（7＝水藍色不規則染・8＝粉紅色不規則染）・11＝亞麻布（黃色）　花蕊裝飾…直徑8mm珍珠1顆　其他…鬆緊圓繩（細）16cm・直徑2.7cm包釦五金1組・繩釦五金1個

9・10／包釦用布…〔大〕棉布（9＝黑色・10＝綠色）　底座…9＝棉布（白色）・10＝亞麻布（綠色）　花瓣用布…9＝棉布（白色）・10＝亞麻布（綠色）・LIBERTY PRINT　花蕊裝飾…9＝直徑6mm黃色珠3顆・10＝直徑4mm白色珠6顆　其他…鬆緊圓繩（粗）23cm・包釦五金（直徑2.7cm・1.5cm各1組）。

◎捏法

7・8・10・11／參照p.24「基本の劍撮」。

9／參照p.26「二重の劍撮」。

※7・8・9・11＝花蕊是一顆顆地裝飾上串珠。

※10＝將串珠串成圓形之後再裝飾。

◎作法

參照圖示。

1・4原寸紙型

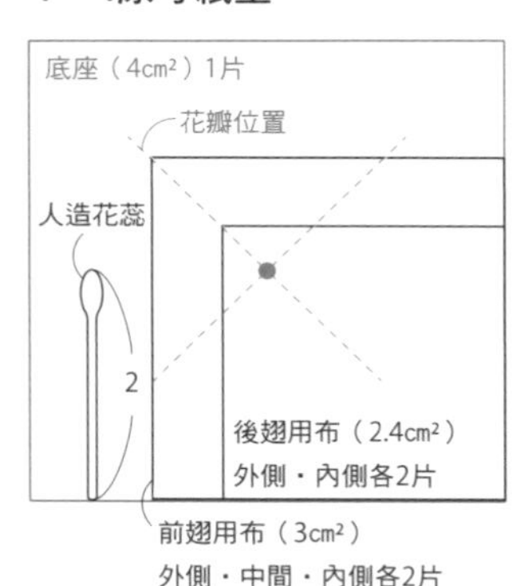

三角髮夾底座

合成皮（1.8cm²）
1片

蝴蝶前翅の捏法
（三重の圓撮）

進行p.19步驟1時，
依圖示順序重疊。

鑷子
內側
（LIBERTY PRINT）
中間
（1＝淺綠色・4＝粉紅色）
外側
（1＝淺駝色
4＝黃色）

蝴蝶身軀の作法

塗上白膠。
人造花蕊
2
0.4
串珠
以白膠黏貼於
蝴蝶的中心。

完成！

1
6
前翅
後翅

2

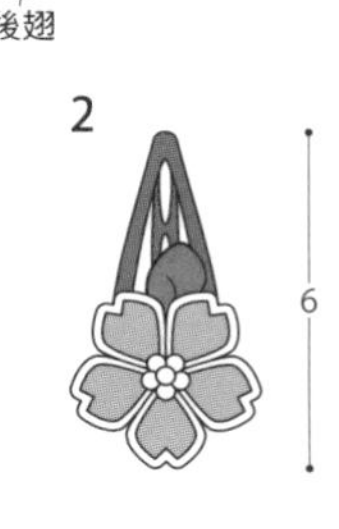

3・5・6原寸紙型

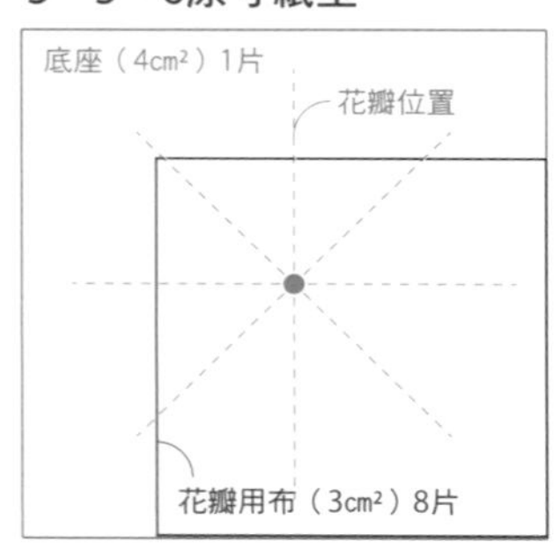

2原寸紙型

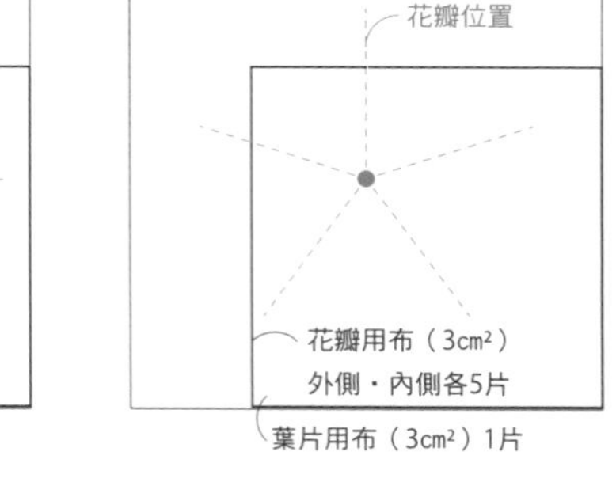

7至11原寸紙型

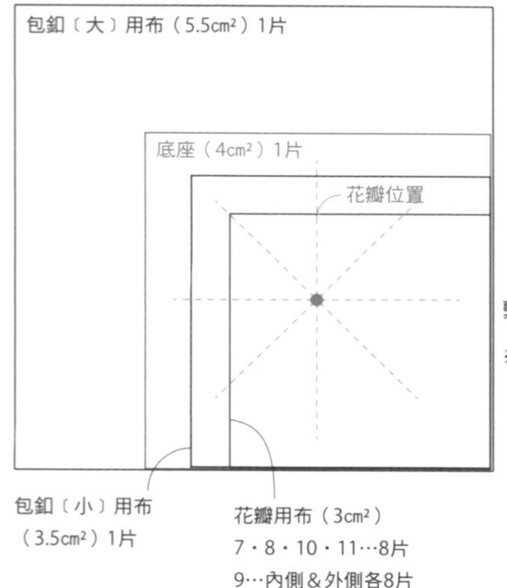

完成！

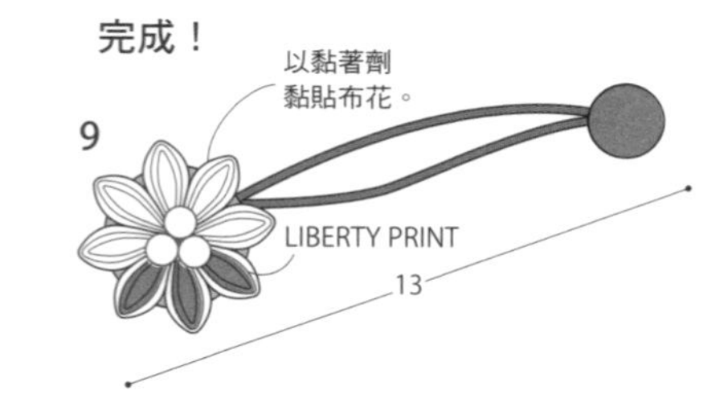

製作包釦

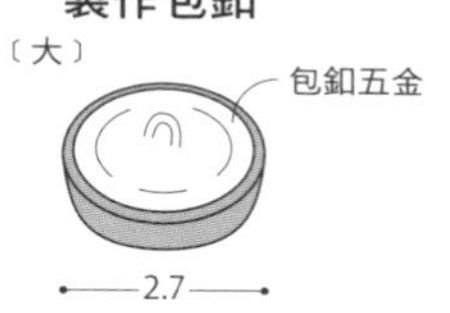

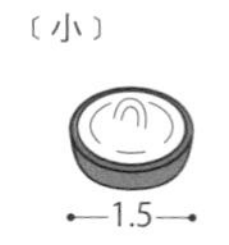

穿過鬆緊圓繩（9・10）

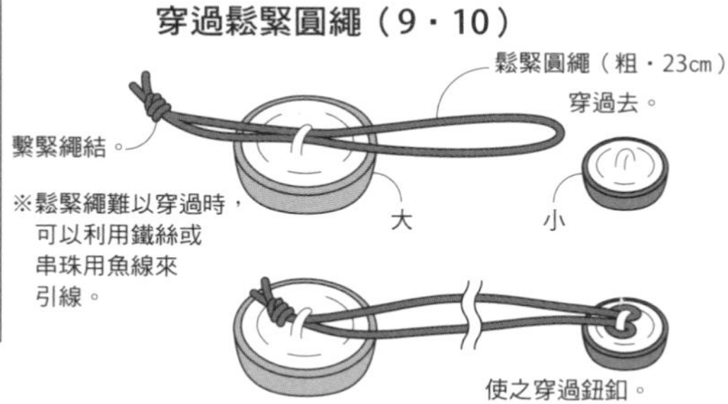

穿過細的鬆緊繩（7・8・11）

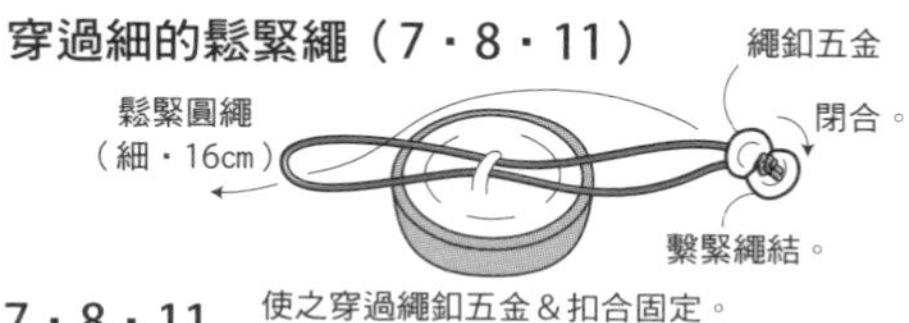

7・8・11

以黏著劑黏貼布花。

9

結球玫瑰髮夾

／p.10

◎材料（1件・尺寸&片數參照圖示）
底座…合成皮（茶色）　花瓣用布…棉布（12＝粉紅色6片&淺粉紅色2片・13＝黃色6片&淺黃色2片）・LIBERTY PRINT 2片　葉片用布…棉布（綠色）　花蕊裝飾…直徑4mm珍珠3顆　其他…附圓形台座的髮夾五金1支

◎捏法
參照p.32「結球玫瑰」&p.36「裡返葉片」。第1段的花瓣參照p.18「二重の圓撮」，捏製2片外側＝棉布・內側＝LIBERTY PRINT的花瓣。
※將珍珠塗上白膠點綴固定於花蕊處。

◎作法
1.在修剪底座之前，請先將葉片插進底座&花朵之間，再沿著花瓣&葉片邊緣修剪底座。
2.在髮夾五金的圓形台座上塗接著劑，再將作法1的成品黏貼上去。

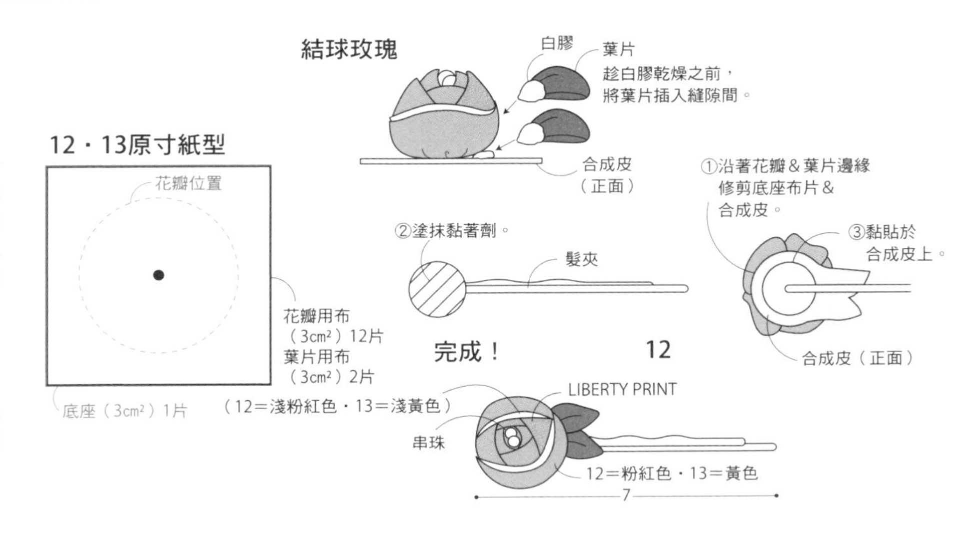

經典花朵項鍊&耳環

／p.11

◎材料（尺寸&片數參照圖示）
底座…14＝LIBERTY PRINT・15＝合成皮（茶色）　花瓣用布・飾穗用布…LIBERTY PRINT　花蕊裝飾…直徑3mm珍珠（14＝6顆・15＝左右各3顆）　14其他…T針1支・鍊條40cm・直徑2cm簍空圓花片1個　15其他…T針10支・圓形環2個・附圓形環耳針五金2組・鍊條10cm・珍珠（直徑6mm&3mm各4顆）・直徑6mm透明珠2顆

◎捏法
參照p.16「基本の圓撮」步驟1至5，捏製花瓣；參照p.24「基本の劍撮」的步驟6，作端切（斜剪布底）。由於布片較小，建議以鑷子夾住花瓣來裁剪。※14花蕊＝將串珠串成圓形之後再裝飾。※15花蕊＝一顆顆地裝飾上串珠。

◎作法　參照圖示。

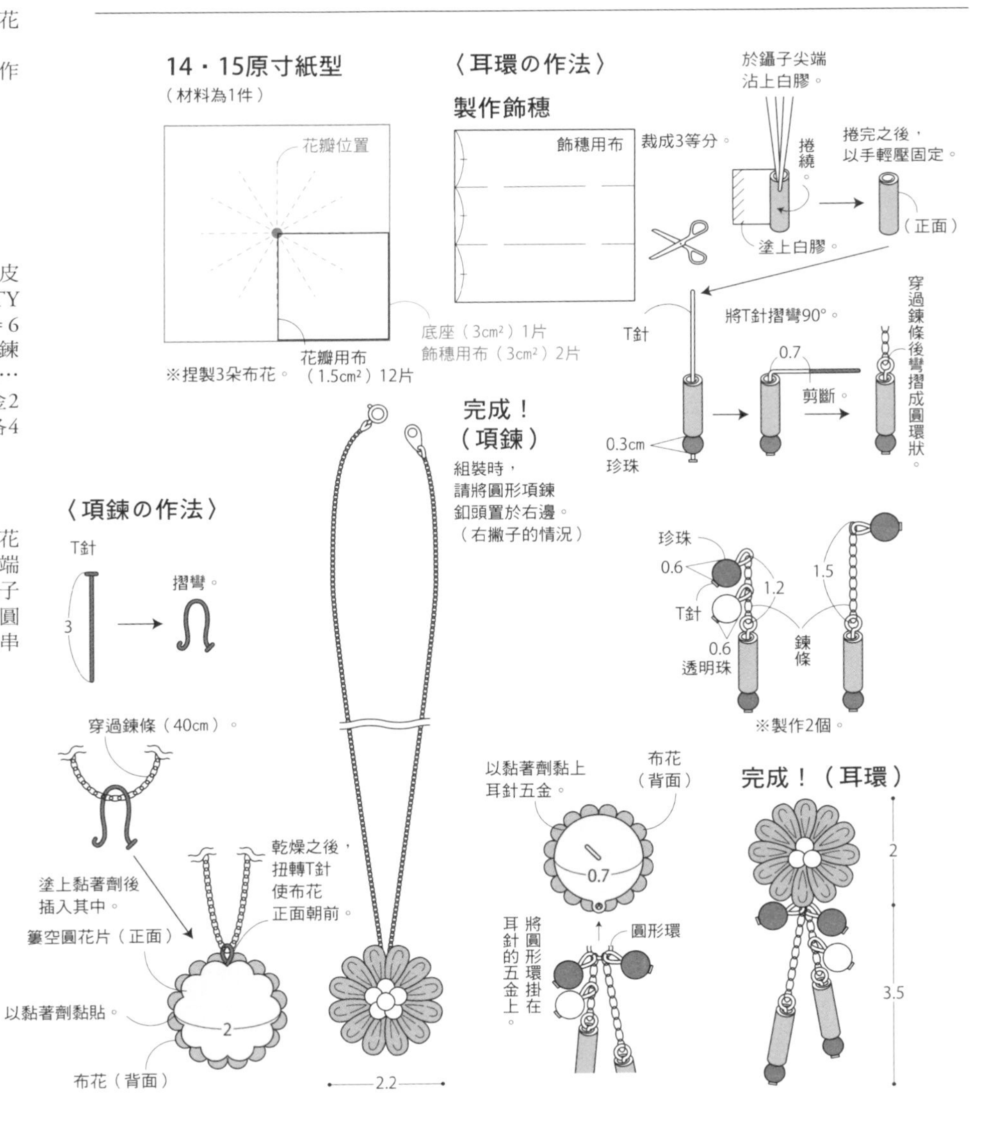

單朵花飾／p.38

◎材料（1件・尺寸&片數參照圖示）

底座・中心布…亞麻布（16＝紅色・17＝綠色・18＝紫色・19＝藍綠色・20＝黃色）　花瓣用布…亞麻布（16＝紅色・17＝藍色・18＝紫色・19＝藍綠色・20＝黃色）・LIBERTY PRINT　花蕊裝飾…16・19・20＝直徑6mm串珠（16＝粉紅色・19＝藍色・20＝黃色）3顆・17＝直徑4mm綠色珠6顆・18＝直徑8mm珍珠1顆　其他…直徑2.8cm的2way髮簪五金1個・T針2支・不織布（直徑2cm）1片　16・18飾穗…T針6支・鍊條3.5cm・圓形彈簧釦頭1個・圓形環1個・直徑8mm透明珠1顆・直徑6mm串珠（顏色可配合花瓣依個人喜好挑選）5顆・金色小圓珠6顆

◎捏法

參照p.28「露月之花」。※16・18・19・20花蕊＝一顆顆地裝飾上串珠。※17花蕊＝將串珠串成圓形之後再裝飾。

◎作法　參照圖示。

16至20原寸紙型

底座（5.5cm²）1片

第1段花瓣位置

中心布（1.5cm²）1片

花瓣用布（3cm²）28片
16…亞麻布25片・LIBERTY PRINT 3片
17・18…亞麻布18片・LIBERTY PRINT 10片
19・20…亞麻布10片・LIBERTY PRINT 18片

第2段花瓣位置

〈2way花簪の黏接法〉

將T針摺彎。
白膠
黏貼。
2
2way髮簪
貼上不織布。
布花（背面）
以白膠將2way髮簪黏在布花上。

〈16・18飾穗の作法〉

串珠
0.7
剪斷。
0.8
金色小圓珠
T針
圓形彈簧釦頭
圓形環
0.6
串珠
金色小圓珠
鍊條（3.5cm）
穿過鍊條後，將T針彎摺成圓環狀。

完成！
18
5
5
固定於T針上。

常春薔薇之蘇格蘭別針／p.40

◎材料（尺寸&片數參照圖示）

底座…合成皮（白色）　花瓣用布…棉布（紫色）・LIBERTY PRINT　其他…蘇格蘭帶圈別針1個・鍊條15cm・葉片狀金屬配件1個・圓形環6個・圓形彈簧釦頭1個・龍蝦釦1個・寬2.5cm菊座背托胸針五金1個・T針15支・金色小圓珠3顆・直徑4mm珍珠4顆・角珠（直徑8mm 1顆・5mm 4顆・4mm 2顆）・直徑7mm淡水珍珠2顆

◎捏法

參照p.30「常春薔薇」。※留下1片花瓣用的棉布（紫色），參照p.34「袋撮花蕾」，捏作1片花瓣之後，裝飾在花蕊上。

◎作法　參照圖示。

21原寸紙型

底座（直徑3.5cm）1片

第1段花瓣位置

花瓣用布（3cm²）
棉布15片
LIBERTY PRINT 8片

蘇格蘭帶圈別針
鍊條（9cm）
葉片狀金屬配件
小圓珠
T針
圓形環
珍珠（直徑0.4cm）
T針
串珠（直徑0.8cm）

將T針摺彎。※製作2個。
取1個穿過龍蝦釦的扣環中。
以黏著劑黏貼。
T針
龍蝦釦
底座
菊座背托胸針五金
T針
待黏著劑乾燥之後，才可立起。

圓形彈簧釦頭
串珠
圓形環
依喜好接上串珠。
鍊條（3cm）
圓形環
淡水珍珠
T針
小圓珠

菊座背托胸針五金
底座
布花（背面）

完成！
棉布
LIBERTY PRINT
鉤在蘇格蘭別針或胸針的T針上。
4
5

袋撮花蕾之珍珠耳環／p.41

◎材料（1件・尺寸&片數參照圖示）

底座…合成皮（黑色）　花瓣用布…22＝LIBERTY PRINT・23＝棉布（紅色）
其他…耳環五金2個・直徑3mm珍珠適量

◎捏法

參照p.34「袋撮花蕾」。

◎作法　參照圖示。

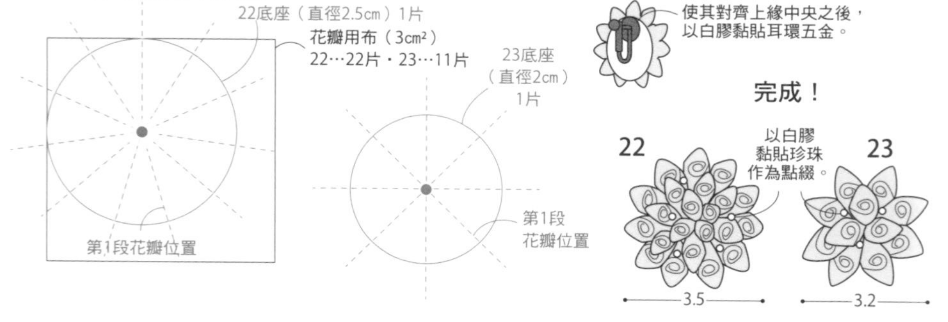

大理花項鍊／p.42

◎材料（1件・尺寸&片數參照圖示）
底座…合成皮（茶色）　花瓣用布…棉布（綠色）・LIBERTY PRINT　花蕊裝飾…24＝直徑6mm紫色珠3顆・25＝直徑4mm淺駝色珠6顆　其他…直徑3cm簍空圓花片1個・寬2.5cm胸針1個・鍊條（粗72cm・細10cm）・直徑2cm圈形配件1個・圓形環4個・龍蝦釦2個・直徑1cm花形花座1個・直徑6mm串珠1顆・T針8支・金色小圓珠3顆・彩色珠（直徑5mm 5顆・1cm 3顆）。

◎捏法
參照p.26「二重の劍撮」，作品24捏製14片，作品25捏製15片，作為第1段的大花瓣。參照p.24「基本の劍撮」，捏製剩餘的花瓣；參照p.26「二重の劍撮」與圖示，將作品24重疊4段&作品25重疊3段的花瓣。最後，兩者皆將小花瓣置（葺）於最上段的花瓣布片上。
※24花蕊＝一顆顆地裝飾上串珠。
※25花蕊＝將串珠串成圓形之後再裝飾。

◎作法　參照圖示。

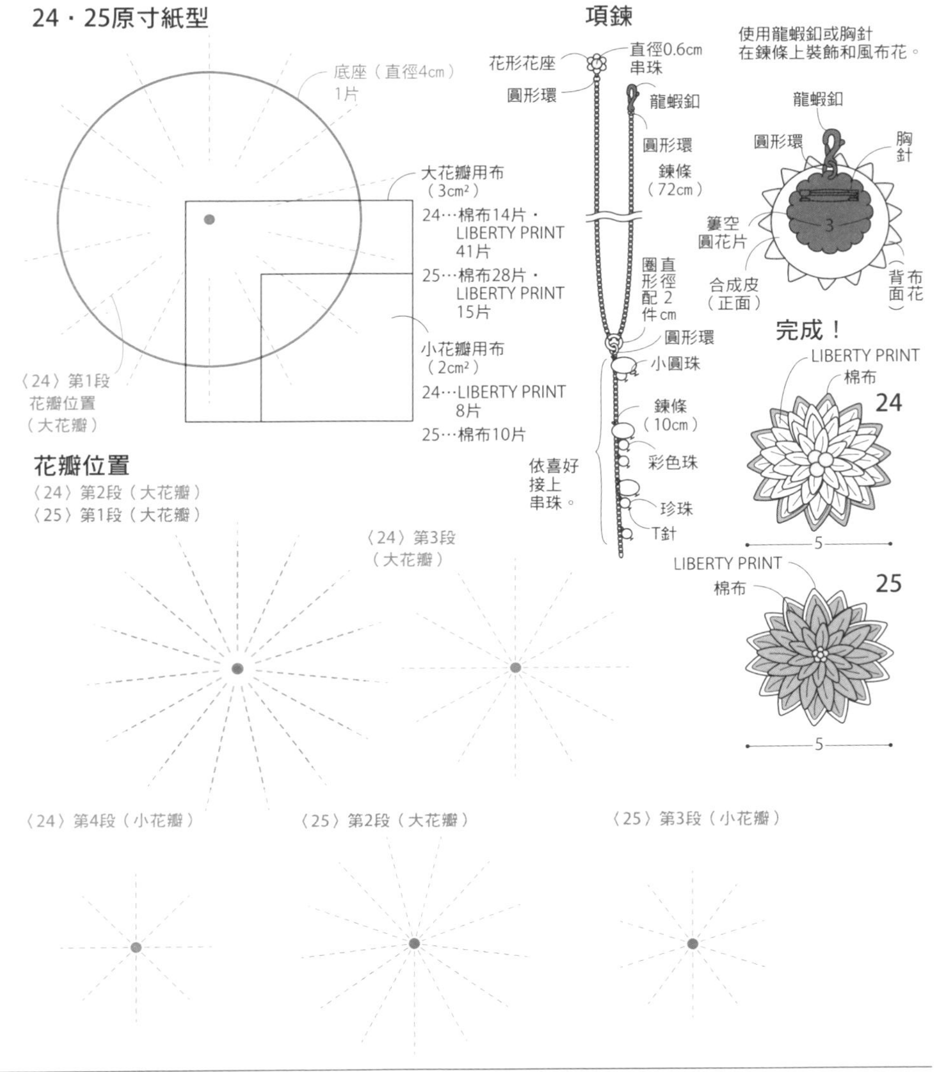

花團項鍊／p.43

◎材料（尺寸&片數參照圖示）
底座…紙黏土適量　花瓣用布…棉布（綠色13片・粉紅色7片・紅色5片・黃色4片・水藍色4片・淺水藍色5片）・LIBERTY PRINT 3片　花蕊裝飾…直徑3mm珍珠7顆　其他…平台托片1個・鍊條18cm・直徑0.1cm細繩90cm・鳥形配件1個・圓形環（直徑0.7cm・0.4cm各1個）・串珠（直徑1.4cm 1顆・5mm 2顆）。

◎捏法
參照p.24「基本の劍撮」，以棉布（綠色）捏製葉片，再參照p.16「基本の圓撮」步驟1至5的作法，捏製花瓣&參照p.24「基本の劍撮」步驟6的作法，作端切（斜剪布底）。由於布片較小，建議以鑷子夾住花瓣來裁剪。參照配置圖，保持均衡地將花瓣置（葺）於紙黏土製的底座上。　※在花蕊處一顆顆地裝飾上串珠。

◎作法　參照圖示。

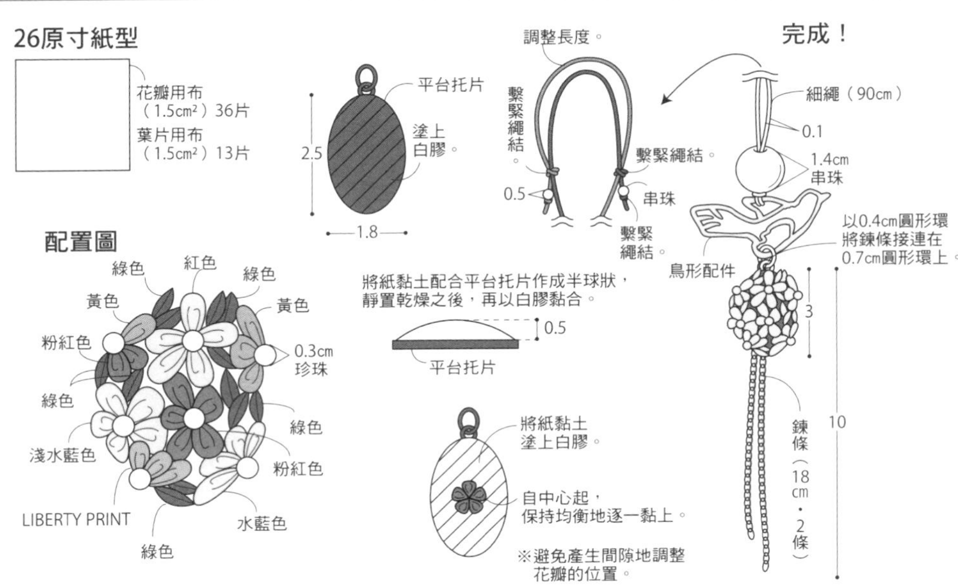

腰帶釦飾&吊飾
－薄雲－ ／p.44

◎材料（1件・尺寸&片數參照圖示）

底座…亞麻布（白色）　花瓣用布…27＝棉布（白色）・28＝大：亞麻布（白色）・小：棉布（白色）　花蕊裝飾…花形花座（27＝直徑1cm・28＝直徑0.6cm）1個・27＝直徑5mm粉紅色珠1顆・28＝直徑3mm珍珠1顆　27其他…玳瑁配件1個・吊繩1條・T針3支・圓形環1個・葉形金屬花片1個・大圓珠1顆・水滴形串珠1顆　28其他…腰帶釦飾1個・直徑3mm珍珠3顆　通用…金蔥線60cm・合成皮（白色）10×10cm。

◎摺法

參照p.24「基本の劍撮」，摺製第1段的大花瓣；第2段的小花瓣則參照p.16「基本の圓撮」步驟1至5的作法摺製。再參照p.24「基本の劍撮」步驟6的作法，作端切（斜剪布底）&參照p.26「二段的劍撮」，將花瓣置（葺）上。　※以一顆顆地裝飾串珠花蕊相同作法，以黏著劑黏上花形花座&串珠。

◎作法

1.捲繞金蔥線，將合成皮黏在背面，且於前側&後側各作一片作為補強。
2.將作法1中所有的合成皮黏合之後，製作底座。
3.參照圖示接上配件&以黏著劑黏上布花。

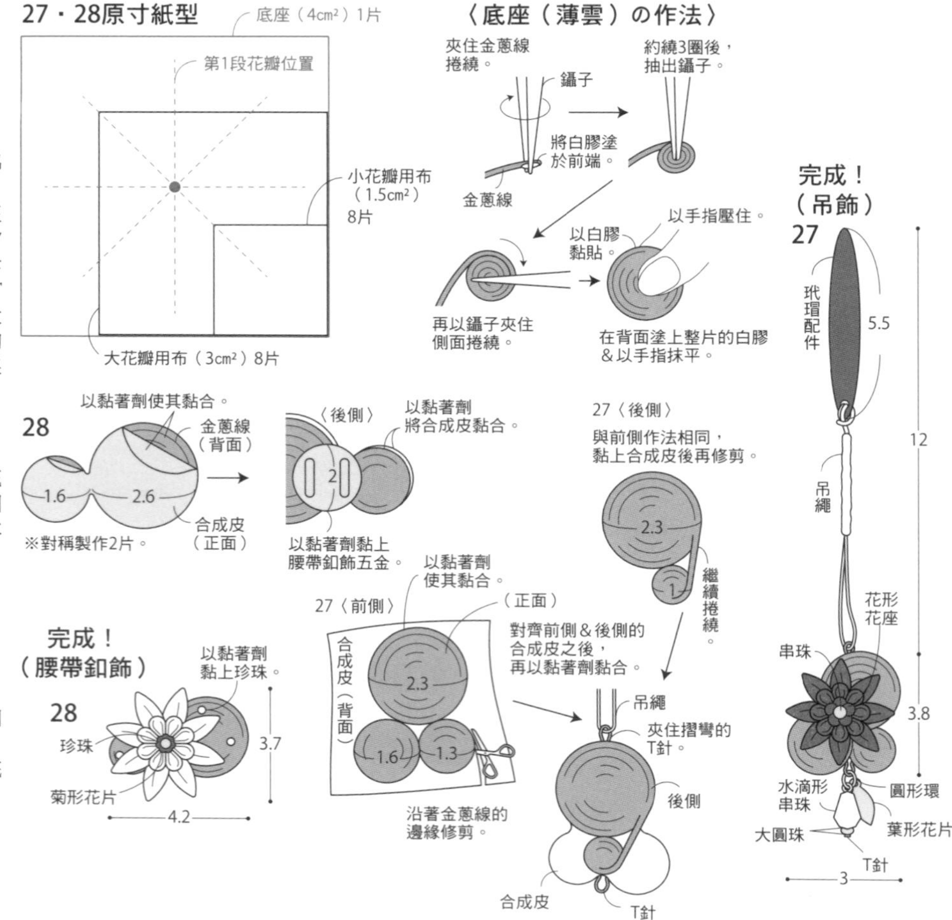

香羅蘭
／p.45

◎材料（1件・尺寸&片數參照圖示）

底座…29&30＝亞麻布（紅色）・31＝LIBERTY PRINT　花瓣用布…29＝亞麻布（紅色）&棉布（紅色）・30＝亞麻布（紅色）&LIBERTY PRINT・31＝LIBERTY PRINT　花蕊裝飾…29＝直徑1cm珍珠1顆・30＝直徑6mm珍珠6顆・31＝金色珠（直徑3mm 9顆・8mm 1顆）　其他…塑膠板5cm²・圖釘（長形）1支・花瓣剩布直徑2cm 1片

◎摺法

29・30／參照p.26「二重の劍撮」。31／參照p.24「基本の劍撮」。　※29花蕊＝一顆顆地裝飾上串珠。　※30・31花蕊＝將串珠串成圓形之後再裝飾。

◎作法　參照圖示。

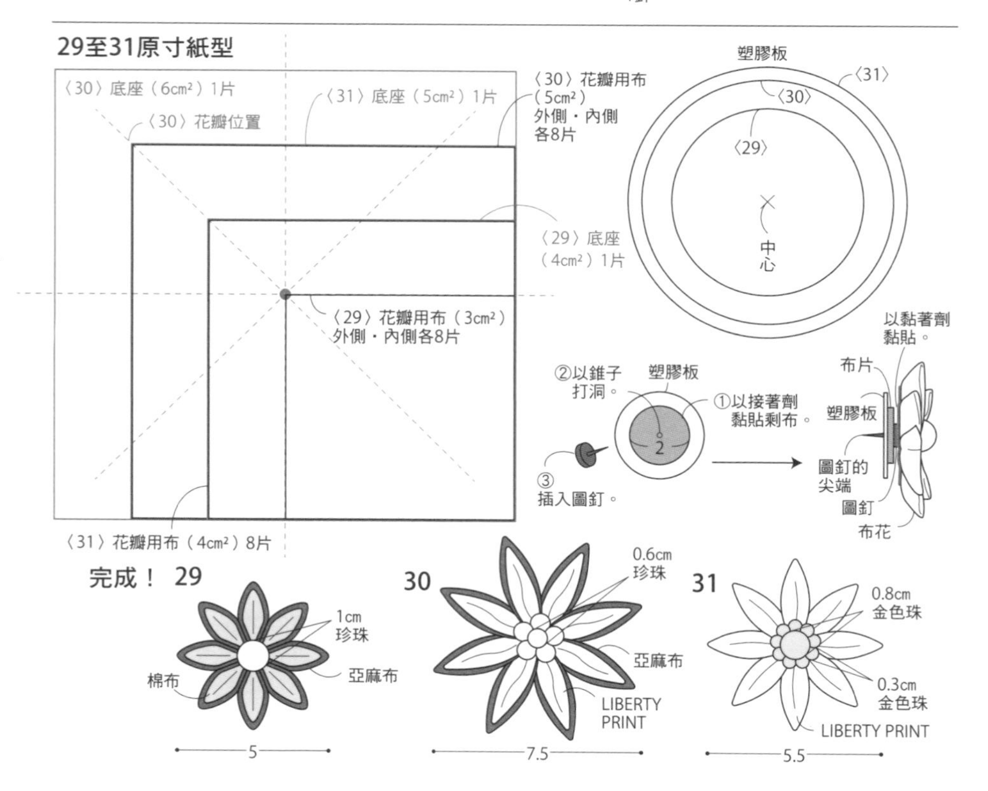

祝儀袋／p.46

◎材料（尺寸&片數參照圖示）

底座…棉布（粉紅色不規則染）　花瓣用布…棉布（粉紅色不規則染・白色）　葉片用布…棉布（綠色不規則染）　花蕊裝飾…直徑1cm花形花座1個・直徑6mm珍珠1顆　其他…雙面泡棉膠帶

◎捏法

參照p.18「二重の圓撮」，捏製第1段的花瓣&參照p.16「基本の圓撮」，捏製第2段的花瓣，再參照p.18「二段の圓撮」，將花瓣置（葺）上。最後參照p.36「捏撮葉片」，將捏好的葉片沾上白膠之後，插進花瓣之間，再沿著花朵&葉片邊緣修剪底座。※以一顆顆地裝飾串珠花蕊相同作法，以黏著劑黏上花形花座&串珠。

◎作法　參照圖示。

32原寸紙型

底座（4.5cm²）1片
第1段花瓣位置（大花瓣）
第2段花瓣位置（小花瓣）
大花瓣用布（3cm²）
外側…粉紅色不規則染
內側…白色各6片
小花瓣用布（2.4cm²）
粉紅色不規則染5片
葉片用布（3cm²）1片

完成！
以雙面泡棉膠帶黏於祝儀袋上。
串珠
花形花座
白色
葉片
粉紅色不規則染
4.6

包布巾花飾／p.47

◎材料（1件・尺寸&片數參照圖示）

底座・大花瓣用布…鬼縮緬（33＝金散紋・34＝朽葉色）　小花瓣用布…33＝一越縮緬（紅色）・34＝鬼縮緬（金散紋）　葉片用布…一越縮緬（山葵色）　花蕊裝飾…人造花蕊（33＝粉紅色・34＝金色）11支　其他…寬2.5cm菊座背托胸針五金1個

◎捏法

參照p.16「基本の圓撮」捏製花瓣，並將大花瓣置（葺）於第1段上&將小花瓣重疊置（葺）於大花瓣的中央，再參照p.18「二段の圓撮」，將第2段的花瓣置（葺）上。最後參照p.36「捏撮葉片」，將捏好的葉片沾上白膠後，插進底座&花朵之間，沿著花朵&葉片邊緣修剪底座。　※在花蕊處裝飾上人造花蕊。

◎作法　參照圖示。

33・34原寸紙型

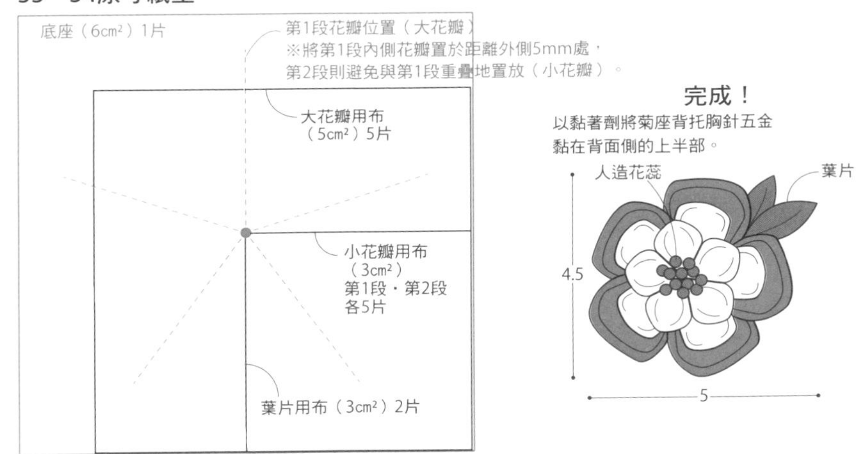

桔梗花之三朵花飾／p.56

◎材料（尺寸&片數參照圖示）

底座…鬼縮緬（★友禪暈染淺紫色）　花瓣用布…鬼縮緬（★友禪暈染淺紫色）・A內側＝一越縮緬（白色）　葉片用布…一越縮緬（山葵色）　花蕊裝飾…淺粉紅色人造花蕊15支　其他…合成皮・一越縮緬（山葵色）各6×6cm・鐵絲（＃24）10cm 5支・U形夾1支・絹線適量。　※記載於顏色名稱前，附★記號的布料為Familiamia的商品。

◎捏法

參照p.22「桔梗花」&p.36「捏撮葉片」。
※在花蕊處裝飾上人造花蕊。

◎作法　參照圖示。

39原寸紙型

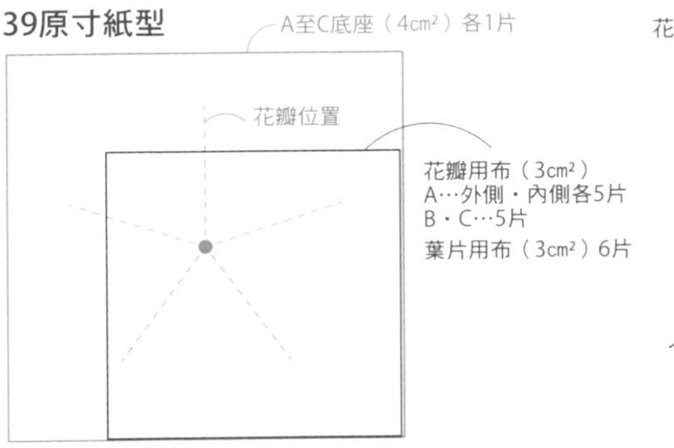

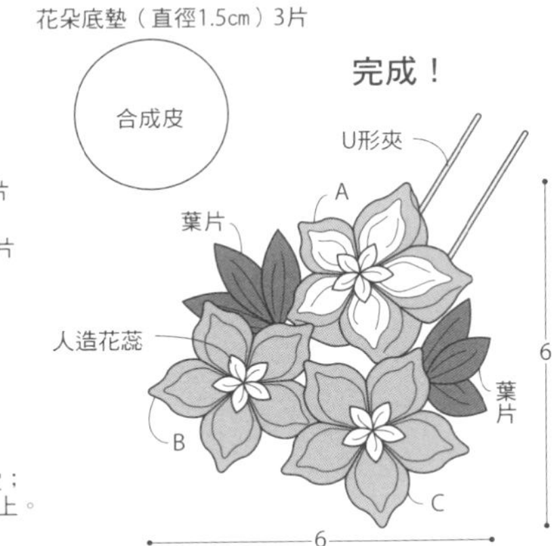

參照p.62「1.製作底墊」，將底座黏於布花&葉片背後予以固定；
參照p.63「4.製作飾穗用釘耙」，再將布花&葉片固定於U形夾上。

新年&日常の花圈裝飾／p.48 & p.49

◎材料（尺寸&片數參照圖示・表格）

①・②・⑩・⑪／底座…合成皮（淺駝色）・⑩＝紙黏土&亞麻布（藍色）・⑪中心布＝亞麻布（藏青色） 花瓣用布…亞麻布（①＝紅色・②＝白色・⑩＝藍色・⑪＝藏青色） 花蕊裝飾…①&②＝人造花蕊（①＝金色10支・②＝深粉紅色12支）・⑩&⑪＝直徑4mm串珠（⑩＝藍色・⑪＝茶色）6顆 其他…直徑2.8cm的2way髮簪五金1個・T針2支・不織布（直徑2cm）1片
③／底座…棉布（紅色） 花瓣用布…棉布（紅色）・亞麻布（白色） 花蕊裝飾…直徑6mm珍珠3顆
④至⑦・⑨／底座…④・⑥・⑦・⑨＝鬼縮緬（朽葉色）・⑤＝一越縮緬（山葵色） 花瓣用布…鬼縮緬（朽葉色）・④&⑥＝一越縮緬（波紋樣底印花朵／黃綠色）・⑤&⑨＝一越縮緬（山葵色） 花蕊裝飾…④・⑤・⑦・⑨＝直徑4mm串珠（④&⑦＝珍珠・⑤&⑨＝金色）6顆・⑥＝直徑6mm珍珠1顆
⑧／底座…亞麻布（白色） 花瓣用布…亞麻布（白色・紅色） 花蕊裝飾…黃色人造花蕊12支
⑫・底座・花瓣用布…亞麻布（白色）
花蕊裝飾…直徑4mm水藍色珠6顆
三片葉／葉片用布…一越縮緬（山葵色）
③至⑨・⑫・葉片通用（花朵・葉片の底座）／合成皮（茶色）・一越縮緬（山葵色）・鐵絲（＃24）各適量
通用／圈座2種各1個。

◎捏法

①・②／參照p.26「二段的劍撮」，重疊3段的花瓣。
③・⑫／參照p.26「二重の劍撮」。
④／參照p.18「二段の圓撮」。
⑤・⑧・⑨／參照p.18「二重の圓撮」。
⑥・⑦／參照p.16「基本の圓撮」。
⑩／參照p.24「基本の劍撮」捏製花瓣&參照p.74「半球菊髮飾」，將底座合成皮、亞麻布、紙黏土黏在一起，葺上花瓣。
⑪／參照p.28「露月之花」。
※①・②・⑧＝裝飾上人造花蕊。
※③・⑥＝一顆顆地裝飾上串珠。
※④・⑤・⑦・⑨至⑫＝將串珠串成圓形之後再裝飾。

◎作法

①、②、⑩參照p.74，在背面黏上2way髮簪後，裝飾於樹枝上。③至⑨、⑫、三片葉則參照p.62「1.製作底墊」之後，將底座黏上去，再將鐵絲纏繞於樹枝上裝飾。⑪則是參照p.68製作「單朵花飾」，裝飾於樹枝上。

33・36原寸紙型

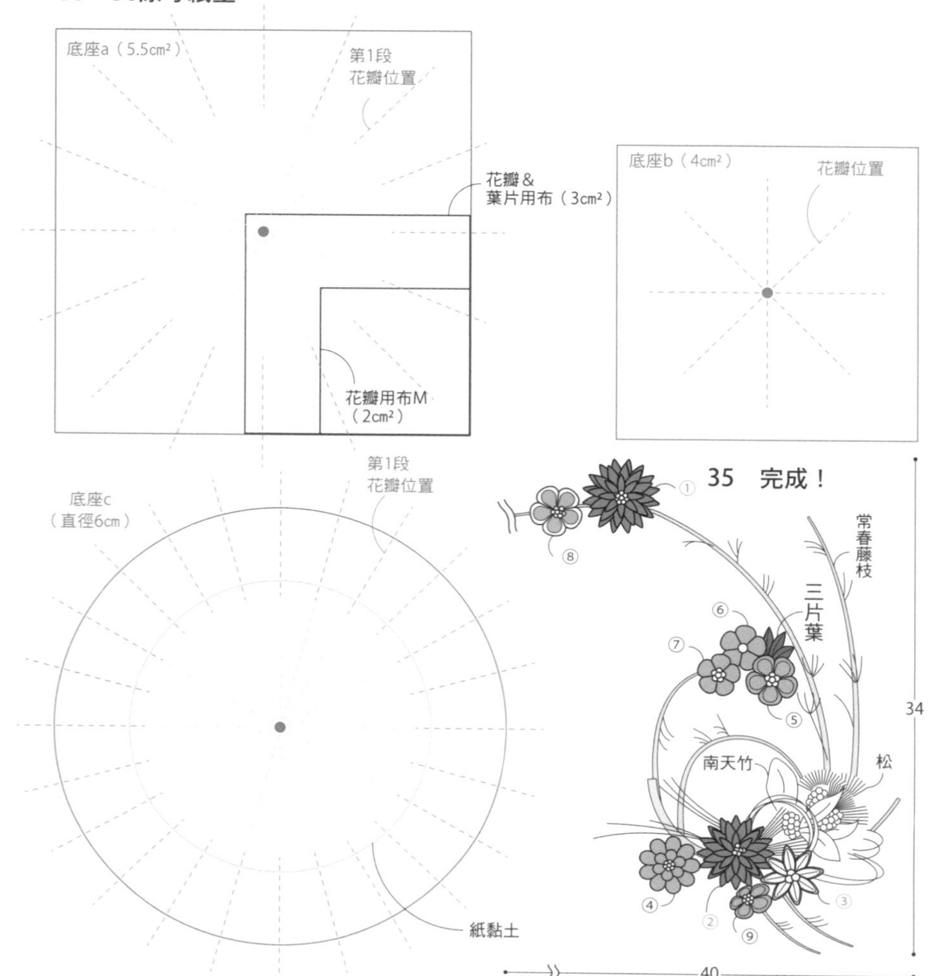

36・37の材料&使用數量

花朵	底座	花瓣・葉片用布		花朵底座	
		L	M	G	H
①	a	亞麻布（紅色） 第1段16片・第2段12片	亞麻布（紅色） 第3段8片	—	—
②	a	第1・2段 亞麻布（白色） 28片	第3段亞麻布 （白色）8片	—	—
③	b	亞麻布・外側（紅色） 內側（白色）各8片	—	—	1片
④	A	第1段鬼縮緬（朽葉色） 7片・一越縮緬2片	鬼縮緬4片 一越縮緬2片	1片	
⑤	B	外側一越縮緬 內側鬼縮緬各5片	—	—	1片
⑥	B	鬼縮緬3片 一越縮緬2片	—	—	1片
⑦	B	鬼縮緬5片	—	—	1片
⑧	B	亞麻布・外側（白色） 內側（紅色）各5片	—	—	1片
⑨	B	外側鬼縮緬 內側一越縮緬各5片	—	—	1片
⑩	c	亞麻布（藍色）第1段24片 第2段20片・第3段14片	第4段亞麻布 （藍色）9片	—	—
⑪	A	亞麻布（藏青色）18片 第1段 內側棉布 （藏青色）10片	—	—	—
⑫	b	外側亞麻布（白色） 內側棉布（白色）各8片	—	1片	1片

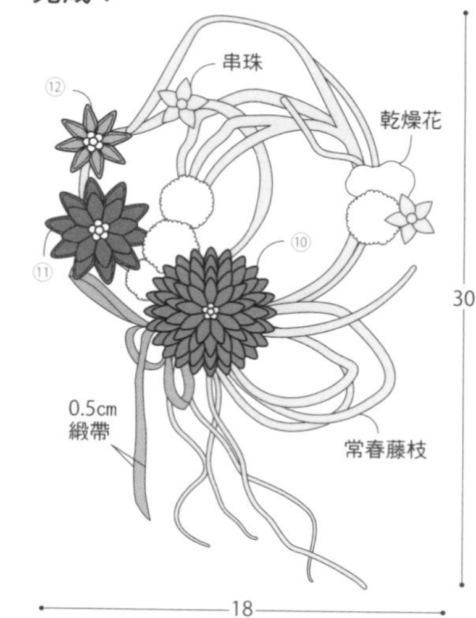

※④至⑨、G、H的紙型參照p.76「成人式の髮飾」。
※①的紙型參照p.73「天然胸花（natural corsage）」。

天然胸花

（natural corsage）／p.52

◎材料（尺寸&片數參照圖示）

A・C至F／底座・花瓣用布・A中心布…棉布（♥粉紅色不規則染） 花蕊裝飾…A＝直徑6mm珍珠 3顆・C&E＝直徑4mm淡水珍珠 6顆・D＝直徑4mm金色珠 6顆・F＝直徑8mm珍珠 1顆

B／底座…亞麻布（白色） 花瓣用布…亞麻布（白色）・棉布（原色） 花蕊裝飾…直徑5mm茶色珠6顆

G・H／底座…棉布（原色） 花瓣用布…棉布（原色・H內側＝♥粉紅色不規則染） 花蕊裝飾…直徑8mm串珠（G＝角珠・H＝銀色）1顆

飾穗／鍊條4cm・圓形彈簧釦頭1個・T針5支・直徑4mm金色珠1顆・珍珠（直徑1cm 1顆・6mm 3顆）・直徑6mm透明珠2顆

其他…直徑2.8cm的2way髮簪五金1個・厚紙板（直徑3.5cm）1片・棉布（黑色）5×5cm 1片・剩布（直徑2cm）1片・合成皮（直徑2cm 1片・1.5cm 7片）・鐵絲（＃24）10cm 8支

※記載於顏色名稱前，附♥記號的布料為Diwabo Tex（株）的商品。

◎捏法

A／參照p.28「露月之花」。

B・D／參照p.26「二重の劍撮」。

C・E／p.24「基本の劍撮」。

F・G／參照p.16「基本の圓撮」。

H／參照p.18「二重の圓撮」。

※A・F・G・H花蕊＝一顆顆地裝飾上串珠。

※B至E花蕊＝將串珠串成圓形之後再裝飾。

◎作法

1.參照p.62「1.製作底墊」，將各朵布花黏上底座。A布花則黏上直徑2cm的花朵底墊。

2.參照p.63「製作2way花簪」組合作法1，裝上五金配件。

3.製作飾穗&繫在H的鐵絲部分。

37原寸紙型

A底座（5.5cm²）1片

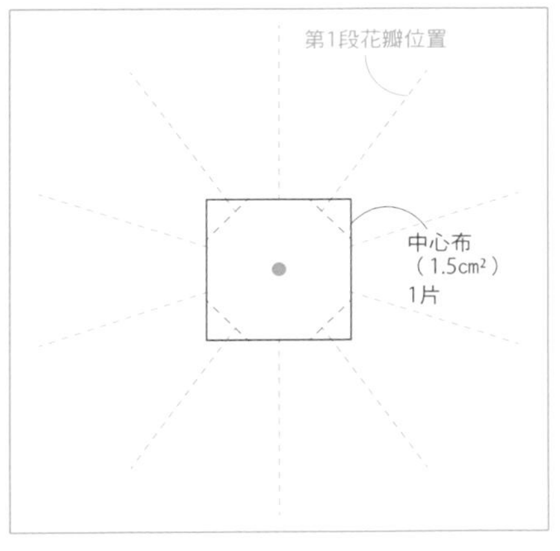

B至E底座（4cm²）各1片

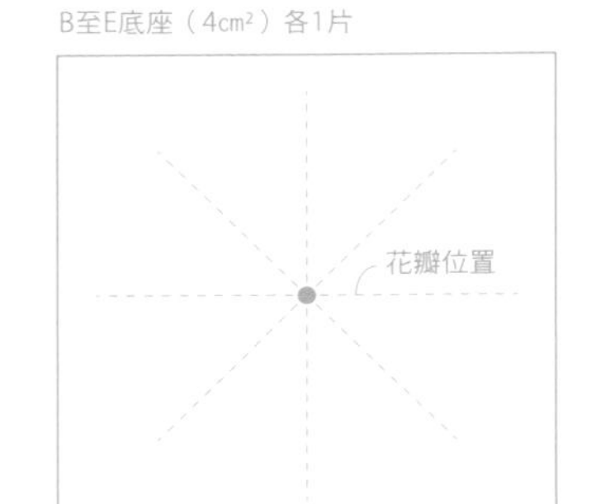

A第2段花瓣位置

2way花簪底座（直徑3.5cm）

厚紙板・棉布
（黑色）
※預留1cm貼邊
（抹漿糊的地方）以備裁剪。
各1片

F至H底座（4cm²）各1片

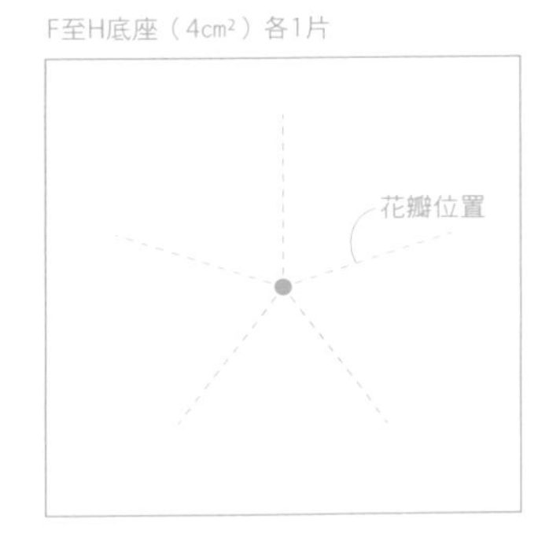

花瓣用布（3cm²）

A…第1段外側＆內側各10片・第2段8片
B・D…外側・內側各8片
C・E…8片
F・G…5片
H…外側・內側各5片
※合計…棉布（粉紅色不規則染62片＆原色18片）・
亞麻布（白色）8片

花朵底墊

合成皮
7片
1片

完成！

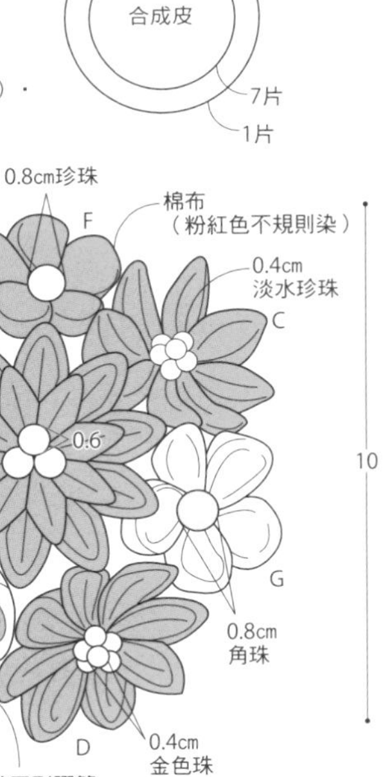

〈飾穗〉

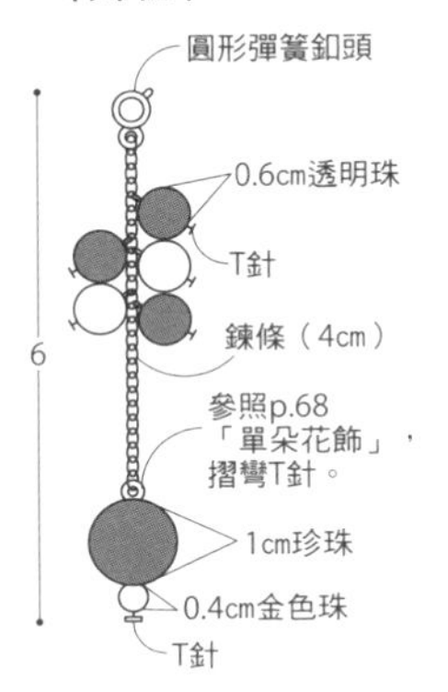

半球菊髮飾／p.54

◎材料（尺寸&片數參照圖示）

底座…合成皮（淺駝色）・棉布（白色）　花瓣用布…棉布（白色）・印花棉布　花蕊裝飾…直徑4mm珍珠6顆　其他…紙黏土適量・直徑2.8cm的2way髮簪五金1個・不織布（直徑2cm）1片

◎捏法

參照p.24「基本の劍撮」捏製花瓣&以紙黏土於底座上製作底墊；再參照圖示，自第1段至第4段，依序葺上花瓣。　※將串珠串成圓形之後再裝飾於花蕊處。

◎作法　參照圖示。

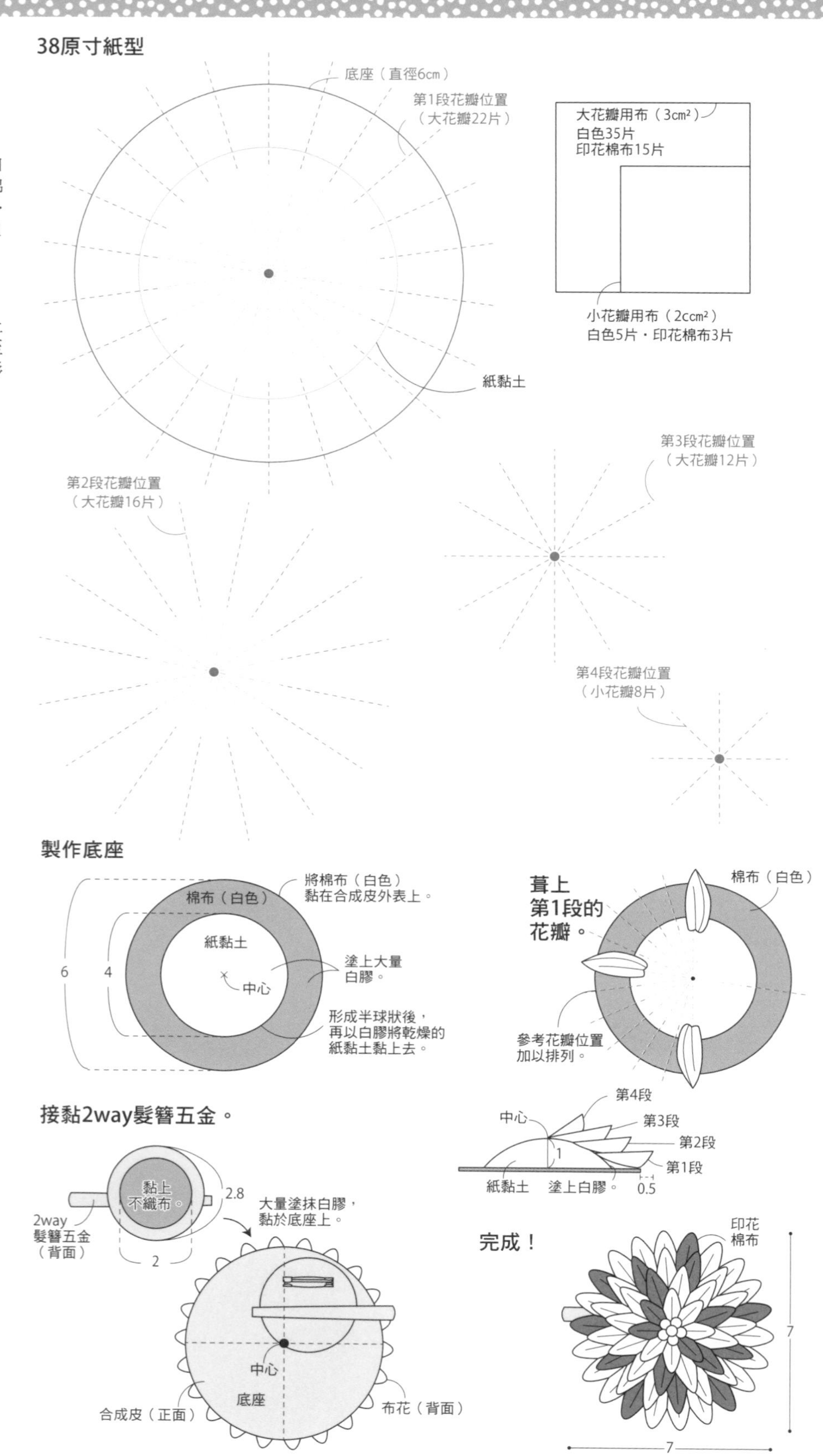

七五三の裝飾材料

／p.57至59

◎材料（尺寸&片數參照圖示・表格）

40／底座…一越縮緬（白色）　花瓣用布…一越縮緬（白色・和風花舞／白粉紅色）・鬼縮緬（金散紋）　葉片用布…一越縮緬（山葵色）　花蕊裝飾…直徑4mm白色&粉紅色珍珠各18顆　其他…圓形彈簧釦頭1個・鍊條4cm・T針6支・小圓珠5顆・珍珠（直徑8mm 1顆・直徑6mm 3顆）・直徑6mm角珠 2顆・直徑3mm金色珠 1顆

41／底座…鬼縮緬（天藍色・淡桃色）花瓣用布…鬼縮緬（天藍色・淡桃色・淡紅色）・一越縮緬（波紋樣底印花朵／水藍色）　葉片用布…一越縮緬（山葵色）　花蕊裝飾…人造花蕊（黃色6支・粉紅色8支・金色6支）

42／底座…鬼縮緬（天藍色・淡桃色）・一越縮緬（白色・波紋樣底印花朵／水藍色）　花瓣用布…鬼縮緬（天藍色・淡桃色・金散紋）・一越縮緬（白色・波紋樣底印花朵／水藍色）　葉片用布…一越縮緬（山葵色）　花蕊裝飾…人造花蕊（黃色11支・粉紅色15支・金色7支・深粉紅色6支）

43／底座…金蔥線 16cm 3條　花瓣用布…鬼縮緬（天藍色・淡桃色・淡紅色）・一越縮緬（白色・波紋樣底印花朵／水藍色）　其他…直徑0.6cm鈴鐺 3顆　※飾穗用釘耙的材料參照p.62。

44／底座…鬼縮緬（珊瑚色）・一越縮緬（白色）　花瓣用布…鬼縮緬（珊瑚色）・一越縮緬（白色・波紋樣底印花朵／水藍色）　葉片用布…一越縮緬（冬青色）　花蕊裝飾…人造花蕊（黃色3支・粉紅色4支・白色16支）

45／底座…鬼縮緬（珊瑚色）・一越縮緬（白色・波紋樣底印花朵／水藍色）　花瓣用布…鬼縮緬（珊瑚色・金散紋）・一越縮緬（白色・波紋樣底印花朵／水藍色）　葉片用布…一越縮緬（冬青色）　花蕊裝飾…人造花蕊（黃色23支・粉紅色6支・深粉紅色1支・白色10支）

41・44通用／參照p.62◎材料〔其他〕的「附墜銀片の三角髮夾」・「通用」

40・42・45通用／參照p.62◎材料〔其他〕的「2way花簪」・「通用」

◎捏法

40・42／C底座…參照p.16「基本の圓撮」，A底座…參照p.18「二段の圓撮」，三片葉…參照p.36「捏撮葉片」。　41／C底座…參照p.16「基本の圓撮」2個・p.18「二段の圓撮」1個，三片葉…參照p.36「捏撮葉片」。　43／參照p.16「基本の圓撮」。　44／C底座…參照p.16「基本の圓撮」，三片葉…參照p.36「捏撮葉片」。　45／C底座…參照p.16「基本の圓撮」，B底座…參照p.18「二段の圓撮」，三片葉…參照p.36「捏撮葉片」。　※40花蕊＝將串珠串成圓形之後再裝飾。　※41至45花蕊＝裝飾上人造花蕊。

◎作法

40・42・45／參照p.63「3.製作2way花簪」。
41・44／參照p.62「2.製作附墜銀片の三角髮夾」。　43／參照p.76。

40至45原寸紙型

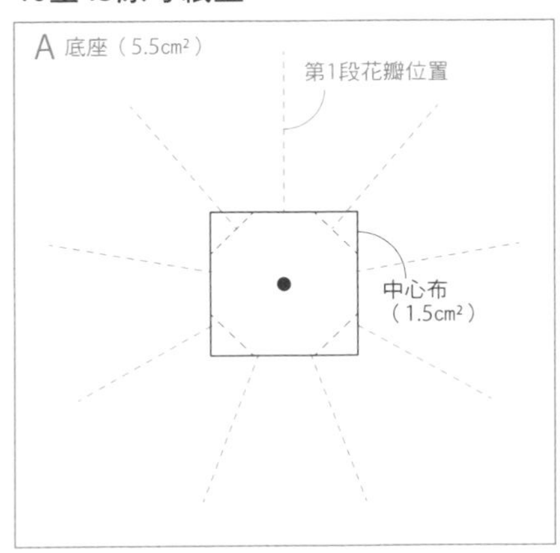

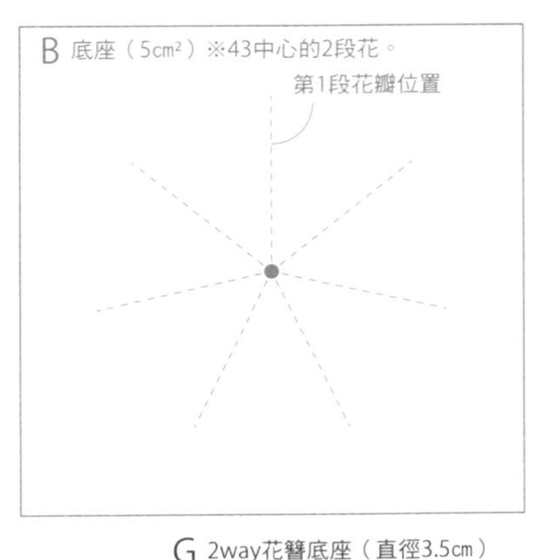

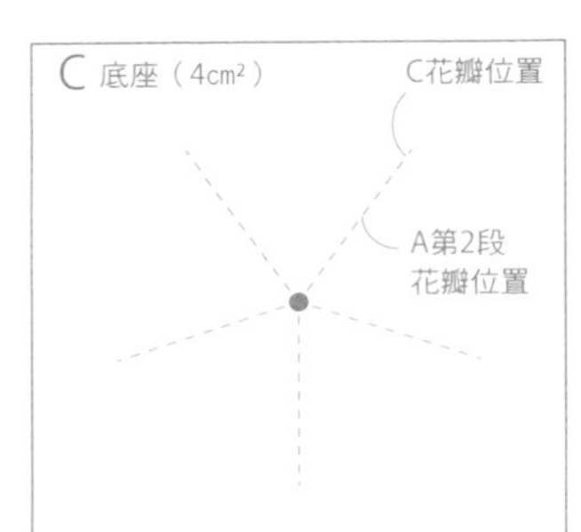

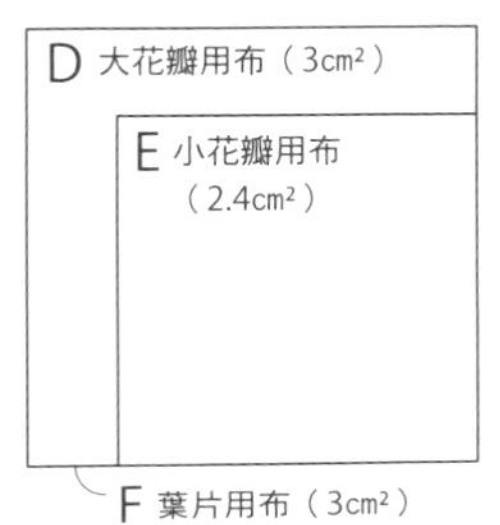

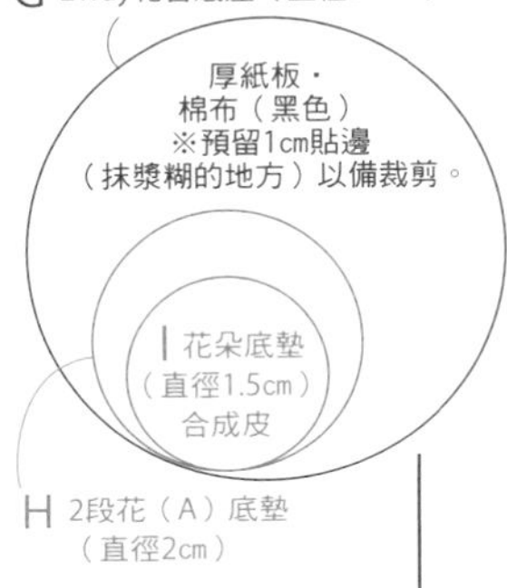

40至45の材料＆使用數量　※單位＝片

作品編號	底座			花瓣用布		葉片用布・其他			
	A	B	C	D	E	F	G	H	I
40	1	—	5	白色18片・波紋樣底印花朵／水藍色15片・金散紋1片	白色3片・波紋樣底印花朵／水藍色2片	6	1	1	5
41	—	—	3	天藍色・淡桃色・淡紅色・波紋樣底印花朵／水藍色各5片	—	3	—	—	3
42	1	—	5	白色3片・淡桃色19片・波紋樣底印花朵／水藍色5片・天藍色5片・金散紋2片	淡桃色5片	9	1	1	5
43	—	—	—	淡桃色3片・天藍色2片・波紋樣底印花朵／水藍色3片・白色1片・淡紅色3片	—	—	—	—	—
44	—	—	3	珊瑚色6片・波紋樣底印花朵／水藍色4片・白色5片	—	3	—	—	3
45	—	1	4	珊瑚色12片・波紋樣底印花朵／水藍色10片・白色4片・金散紋1片	珊瑚色3片・波紋樣底印花朵／水藍色2片	9	1	1	4

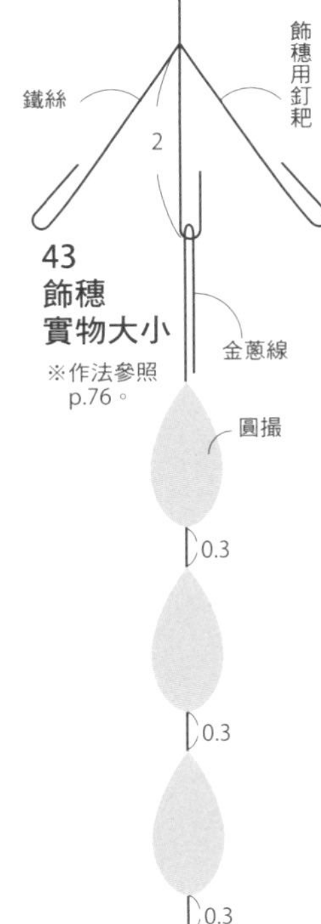

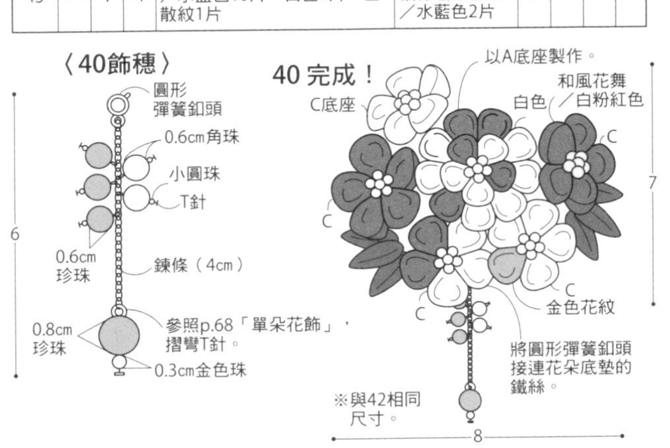

成人式の髮飾

／p.60・61

◎材料（尺寸&片數參照圖示・表格）

46・47／底座・花瓣用布…鬼縮緬（★友禪暈染淺紫色・金散紋）・一越縮緬（白色）　葉片用布…一越縮緬（山葵色）　46花蕊裝飾…串珠（直徑4mm 30顆・6mm 2顆・8mm 1顆）　47花蕊裝飾…直徑4mm串珠 12顆・直徑6mm珍珠 1顆

48・49／底座・花瓣用布…鬼縮緬（朽葉色）・一越縮緬（山葵色・波紋樣底印花朵／黃綠色）　葉片用布…一越縮緬（山葵色）　48花蕊裝飾…串珠（直徑4mm 6顆・6mm 1顆）・直徑6mm珍珠 1顆　49花蕊裝飾…串珠（直徑8mm 1顆・6mm 7顆）・珍珠（直徑6mm 2顆・4mm 18顆）

飾穗…金蔥線 20cm 3條・直徑1cm白色珠 3顆・直徑3mm金色珠 3顆・T針3支　※飾穗用釘耙的材料參照p.62。

47・48通用／合成皮（直徑1.5cm）3片・與葉片同材質的布料3×3cm・鐵絲（＃24）10cm 4至5支・絹線適量・U形夾1支・15片銀片1個

46・49通用／參照p.62◎材料〔其他〕的「底墊」&「2way花簪」・「通用」

※記載於顏色名稱前，附★記號的布料為Familiamia的商品。

◎捏法

46・49／A底座…參照p.18「二段の圓撮」1個，B底座…參照p.16「基本の圓撮」（46＝4個・49＝3個）。花瓣參照p.18「二重の圓撮」（46＝3個・47＝4個），三片葉…參照p.36「捏撮葉片」；各別參照以上作法捏製。

47・48／參照p.16「基本の圓撮」，捏製2個B底座的布花&參照p.18「二重の圓撮」，捏製1個。再參照p.36「捏撮葉片」，47捏製1個三片葉、48捏製2個三片葉。

※花蕊的飾法參照作品圖示。

◎作法

46・49／參照p.63「3.製作2way花簪」，組合花朵&葉片，並裝上2way髮簪五金。再參照p.63「4.製作飾穗用釘耙」製作釘耙，裝上飾穗。

47・48／參照p.62「2.製作附銀片的三角髮夾」步驟1至3的作法，組合花朵、葉片、銀片，再參照p.63「4.製作飾穗用釘耙」步驟3至8的作法，組裝於U形夾上。

46至49原寸紙型

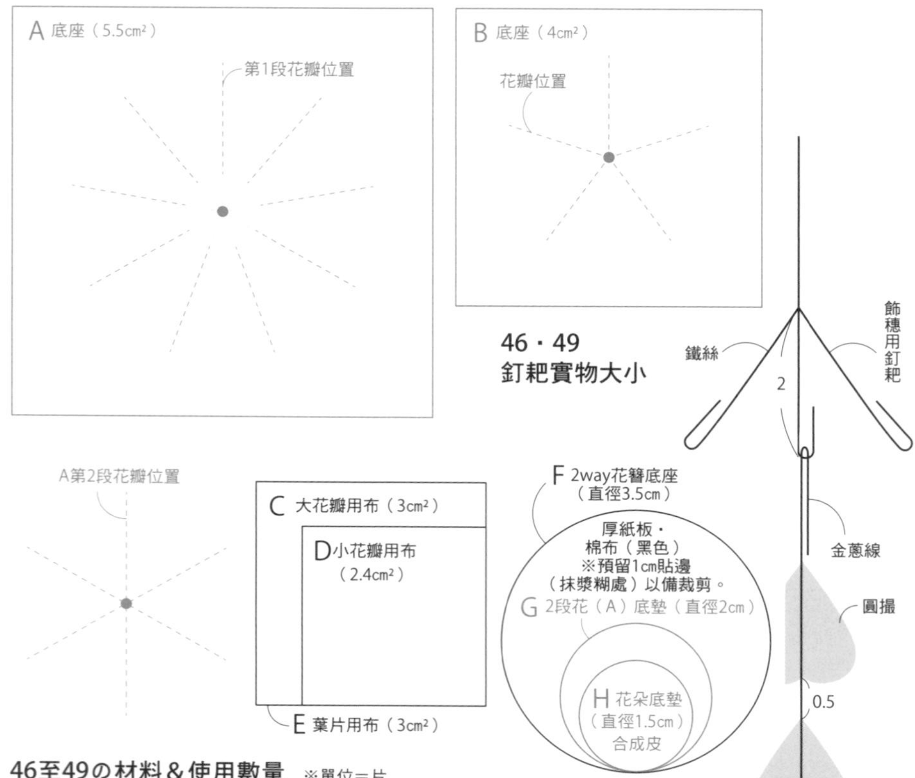

46至49の材料＆使用數量　※單位＝片

作品編號	底座 A	底座 B	花瓣用布 C	花瓣用布 D	葉片用布・其他 E	F	G	H
46	1	7	★友禪暈染淺紫色44片 白色12片・金散紋3片	★友禪暈染 淺紫色6片	9	1	1	7
46飾穗	—	—	★友禪暈染淺紫色34片 白色6片・金散紋2片	—	—	—	—	—
47	—	3	★友禪暈染淺紫色10片 白色9片・金散紋1片	—	3	—	—	3
48	—	3	朽葉色10片・山葵色5片 波紋樣底印花朵／黃綠色5片	—	6	—	—	3
49	1	7	朽葉色37片・山葵色15片 波紋樣底印花朵／黃綠色12片	朽葉色5片・波紋樣底 印花朵／黃綠色1片	9	1	1	7
49飾穗	—	—	朽葉色28片・山葵色6片 波紋樣底印花朵／黃綠色8片	—	—	—	—	—

〈飾穗の作法〉

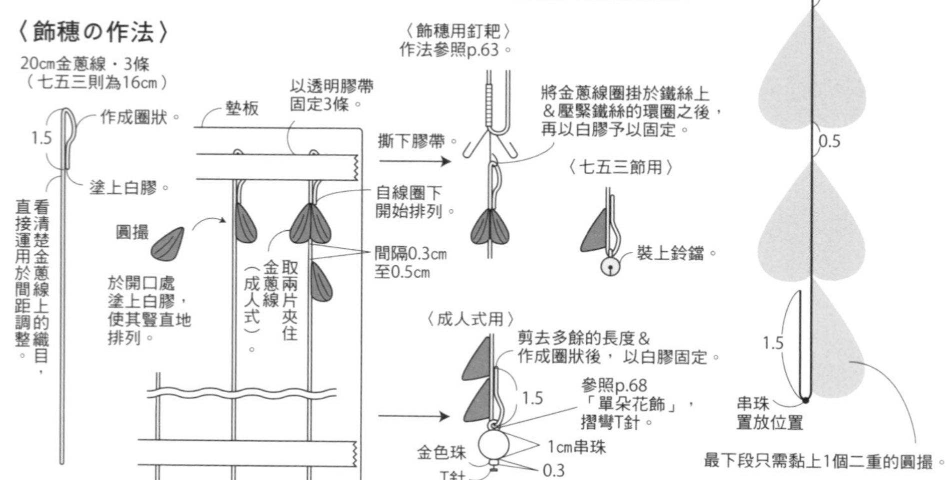

p.16至p.34作品の材料

	底座	花瓣用布	葉片用布	花蕊裝飾・其他
A-1	鬼縮緬（珊瑚色）4cm^2×1片	鬼縮緬（珊瑚色）3cm^2×3片 一越縮緬（和風花舞／白粉紅色）3cm^2×2片	一越縮緬（山葵色）3cm^2×1片	黃色人造花蕊7支
A-2	合成皮（茶色）4.5cm^2×1片	棉布（藍色不規則染）3cm^2×9片 LIBERTY PRINT 3cm^2×3片	—	直徑4mm金色珠6顆
A-3	正絹（紅色）4cm^2×1片	正絹（紅色）3cm^2×5片	—	直徑4mm珍珠6顆
A-4	一越縮緬（淡藤色） 4cm^2×1片	一越縮緬（淡藤色）3cm^2×5片	棉布（綠色不規則染）3cm^2×1片・2.4cm^2×2片&（淺綠色不規則染）3cm^2×1片	直徑4mm珍珠6顆
B-1	棉布（紅色不規則染） 4cm^2×1片	棉布（紅色不規則染） 3cm^2×2片&2.4cm^2×2片 （橙色不規則染）2.4cm^2×2片 （白色）3cm^2×2片 LIBERTY PRINT 3cm^2×2片	—	直徑4mm金色珠3顆 黃色人造花蕊2支
B-2	亞麻布（茶色）5cm^2×1片	亞麻布（茶色） LIBERTY PRINT 3cm^2各12片	—	直徑4mm茶色珠6顆
B-3	棉布（水藍色不規則染） 3cm^2×1片	棉布（水藍色不規則染） LIBERTY PRINT 2.4cm^2各4片	—	直徑6mm藍色珠1顆
B-4	棉布（藍色不規則染） 4cm^2×1片	棉布（藍色不規則染） LIBERTY PRINT 3cm^2各5片	—	直徑4mm紫色珠6顆
B-5	亞麻布（紫色）5cm^2×1片	亞麻布（紫色）3cm^2×12片 LIBERTY PRINT 2.2cm^2×8片	—	金色人造花蕊6支
C-1	一越縮緬（淡藤色） 4cm^2×1片	一越縮緬（淡藤色）・（白色） 3cm^2各5片	棉布（綠色不規則染）3cm^2×2片	直徑4mm珍珠6顆
C-2	一越縮緬（紅色）4cm^2×1片	一越縮緬（紅色）3cm^2×4片 （波紋樣底印花朵／黃綠色） 3cm^2×1片	一越縮緬（山葵色）3cm^2×1片	直徑4mm白色珠6顆
C-3	棉布（粉紅色不規則染） 4cm^2×1片	棉布（粉紅色不規則染） 3cm^2×3片 LIBERTY PRINT 3cm^2×2片	棉布 （綠色不規則染） 3cm^2・2.2cm^2 各1片	白色人造花蕊7支
C-4	鬼縮緬（天藍色）4cm^2×1片	鬼縮緬（天藍色）3cm^2×5片	鬼縮緬（黃綠色） 3cm^2×1片	粉紅色人造花蕊9支
D-1	LIBERTY PRINT 4cm^2×1片	LIBERTY PRINT 3cm^2×4片	—	直徑6mm珍珠1顆
D-2	一越縮緬（白色）4cm^2×1片	鬼縮緬（春之水邊） 一越縮緬（白色）3cm^2各5片	—	淺粉紅色人造花蕊5支 直徑3mm珍珠1顆
D-3	鬼縮緬（春之水邊） 4cm^2×1片	鬼縮緬（春之水邊）3cm^2×5片	—	淺粉紅色人造花蕊5支

	底座	花瓣用布	葉片用布	花蕊裝飾・其他
D-4	鬼縮緬（桃色漸層） 4cm^2×1片	鬼縮緬（桃色漸層）3cm^2×5片	—	淺粉紅色人造花蕊5支
D-5	一越縮緬（白色）4cm^2×1片	一越縮緬（白色）3cm^2×2片 鬼縮緬（金散紋）3cm^2×3片	—	黃色人造花蕊5支
E-1	棉布（綠色不規則染） 3cm^2×1片	棉布（綠色不規則染）2.4cm^2×5片・LIBERTY PRINT 2.4cm^2×3片	—	直徑4mm綠色珠3顆
E-2	鬼縮緬（朽葉色）4cm^2×1片	一越縮緬（朽葉色）3cm^2×6片 （波紋樣底印花朵／黃綠色） 3cm^2×2片	—	直徑6mm金色珠1顆
E-3	亞麻布（紫色）4cm^2×1片	亞麻布（紫色）3cm^2×8片	—	直徑4mm珍珠6顆
E-4	棉布（白色）4cm^2×1片	棉布（白色）3cm^2×8片	—	直徑4mm珍珠6顆
E-5	棉布（藍色不規則染） 4cm^2×1片	棉布（藍色不規則染）3cm^2×8片	—	直徑4mm珍珠6顆
E-6	棉布（白色）4cm^2×1片	棉布（白色）3cm^2×5片 LIBERTY PRINT 3cm^2×3片	—	直徑4mm藍綠色珠6顆
F-1	棉布（綠色不規則染） 3cm^2×1片	棉布（綠色不規則染）2cm^2×12片・LIBERTY PRINT 2cm^2×4片	—	直徑4mm茶色珠6顆
F-2	LIBERTY PRINT 4cm^2×1片	LIBERTY PRINT 3cm^2×12片・2cm^2×8片	—	直徑4mm金茶色珠6顆
F-3	圓形合成皮（茶色） 直徑5.5cm×1片	棉布（粉紅色不規則染） 3cm^2×56片・2cm^2×8片	—	直徑4mm白色珠6顆
F-4	亞麻布（黃色）4cm^2×1片	亞麻布（黃色）3cm^2×16片	—	直徑6mm綠色系串珠3顆
F-5	LIBERTY PRINT 4cm^2×1片	LIBERTY PRINT・棉布（水藍色不規則染）3cm^2各10片	—	直徑4mm黑色珠6顆
F-6	亞麻布（藍色）4cm^2×1片	亞麻布（藍色） 3cm^2×12片・2cm^2×8片	—	直徑4mm藍色珠6顆
G-1	LIBERTY PRINT 5.5cm^2×1片	LIBERTY PRINT 3cm^2×28片	—	直徑6mm黑色角珠6顆
G-2	LIBERTY PRINT 5.5cm^2×1片	LIBERTY PRINT 3cm^2×28片	—	淺粉紅色人造花蕊20支
G-3	棉布（綠色不規則染） 5.5cm^2×1片	棉布（綠色不規則染）3cm^2×18片・LIBERTY PRINT 3cm^2×10片	—	直徑4mm茶色珠6顆

	底座	花瓣用布	葉片用布	花蕊裝飾・其他
G-4	棉布（粉紅色不規則染） 5.5cm²×1	棉布（粉紅色不規則染） 3cm²×28片	—	捲繞10cm的金蔥線
H-1	圓形合成皮（茶色） 直徑4cm×1片	正絹（灰色）3cm²×20片	—	—
H-2	圓形合成皮（茶色） 直徑3cm×1片	一越縮緬（朱華色）3cm²×16片（白色）3cm²×3片・鬼縮緬（金散紋）3cm²×2片	—	—
H-3	圓形合成皮（茶色） 直徑4.3cm²×1片	正絹（灰色）3cm²×32片	—	白色人造花蕊7支
H-4	圓形合成皮（茶色） 直徑3.5cm²×1片	棉布（藍色不規則染）3cm²×23片	—	—
I-1	合成皮（茶色）4cm²×1片	棉布（橙色不規則染） LIBERTY PRINT 3cm²各4片	棉布（綠色不規則染）3cm²×1片	直徑6mm珍珠1顆
I-2	鬼縮緬（朽葉色）4cm²×1片	鬼縮緬（朽葉色）3cm²×7片	—	金色人造花蕊6支
I-3	合成皮（茶色）4cm²×1片	鬼縮緬（桃色漸層）3cm²×8片	—	白色人造花蕊10支
I-4	合成皮（茶色）4cm²×1片	棉布（藍色不規則染）3cm²×6片 LIBERTY PRINT 3cm²×4片	棉布（綠色不規則染）3cm²×1片	白色人造花蕊3支
I-5	合成皮（茶色）4cm²×1片	棉布（紅色不規則染） LIBERTY PRINT 3cm²各4片	棉布（綠色不規則染）3cm²×2片	直徑6mm珍珠1顆
I-6	合成皮（茶色）4cm²×1片	棉布（粉紅色不規則染） LIBERTY PRINT 3cm²×各4片	—	直徑6mm珍珠1顆
J-1	圓形合成皮（茶色） 直徑2.8cm²×1片	棉布（藍色不規則染）3cm²×18片 LIBERTY PRINT 3cm²×8片	—	直徑3mm珍珠7顆
J-2	圓形合成皮（茶色） 直徑2.2cm²×1片	棉布（白色）3cm²×16片	—	直徑3mm珍珠7顆
J-3	圓形合成皮（茶色） 直徑3.2cm²×1片	棉布（淺粉紅色不規則染） 3cm²×25片	—	直徑3mm珍珠8顆
J-4	圓形合成皮（茶色） 直徑3.5cm²×1片	棉布（黃色不規則染）3cm²×18片 LIBERTY PRINT 3cm²×12片	—	—

京都流美學手作
雅緻の和風布花日常創作集（暢銷版）

作　　　者／土田由紀子
譯　　　者／彭小玲
發　行　人／詹慶和
選　書　人／Eliza Elegant Zeal
執 行 編 輯／陳姿伶
編　　　輯／蔡毓玲・劉蕙寧・黃璟安・陳昕儀
執 行 美 編／翟秀美・韓欣恬
美 術 編 輯／陳麗娜・周盈汝
內 頁 排 版／造極
出　版　者／雅書堂文化事業有限公司
發　行　者／雅書堂文化事業有限公司
劃 撥 帳 號／18225950
戶　　　名／雅書堂文化事業有限公司
地　　　址／新北市板橋區板新路 206 號 3 樓
電　　　話／(02)8952-4078
傳　　　真／(02)8952-4084
網　　　址／www.elegantbooks.com.tw
電 子 信 箱／elegant.books@msa.hinet.net

2015 年 6 月初版一刷
2020 年 8 月二版一刷　定價 300 元

經銷／易可數位行銷股份有限公司
地址／新北市新店區寶橋路 235 巷 6 弄 3 號 5 樓
電話／(02)8911-0825　傳真／(02)8911-0801

國家圖書館出版品預行編目資料

雅緻の和風布花日常創作集：京都流美學手作 / 土田由紀子著；彭小玲譯 . -
- 二版 . -- 新北市：雅書堂文化 , 2020.08
面；　公分 . -- (FUN 手作；100)
ISBN 978-986-302-550-4(平裝)

1. 花飾 2. 手工藝

426.77　　109010342

Profile
つふつき 土田由紀子
現居京都市。在小女兒 3 歲時親手製作七五三節的髮飾機緣下，被捏撮日本布花的纖細美感感動，而開啟了專業作家之路。除了製作＆販售休閒風格的手作原創作品之外，也著手於七五三節、成人節的作品。
此外，也在 VOGUE 學園心齋橋校、名古屋校擔任捏撮日本布花的講師。
つふつき的網頁 http://tsuyutsuki.jimdo.com/

STAFF
書籍設計　寺山文恵
攝　　影　白井由香里
風格設定　奧田佳奈 (koa Hole)
作法解說　鈴木さかえ
繪　　圖　五十嵐華子
編　　輯　西津美緒

京都派

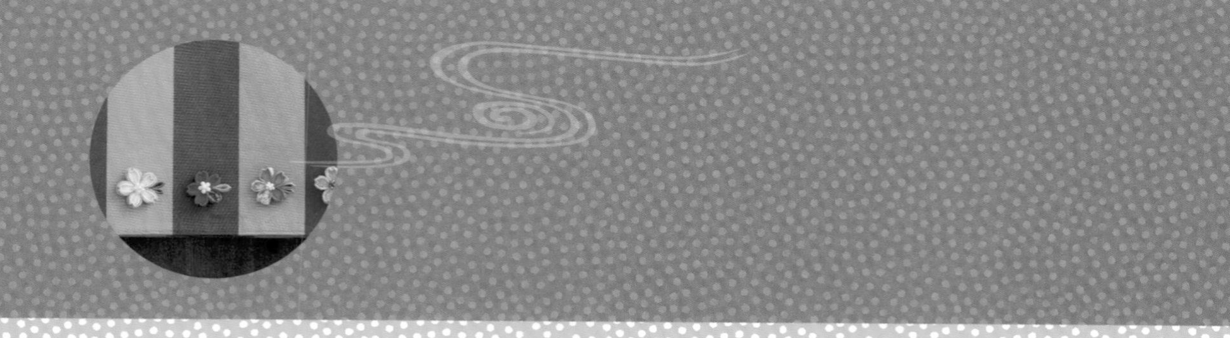

京都派

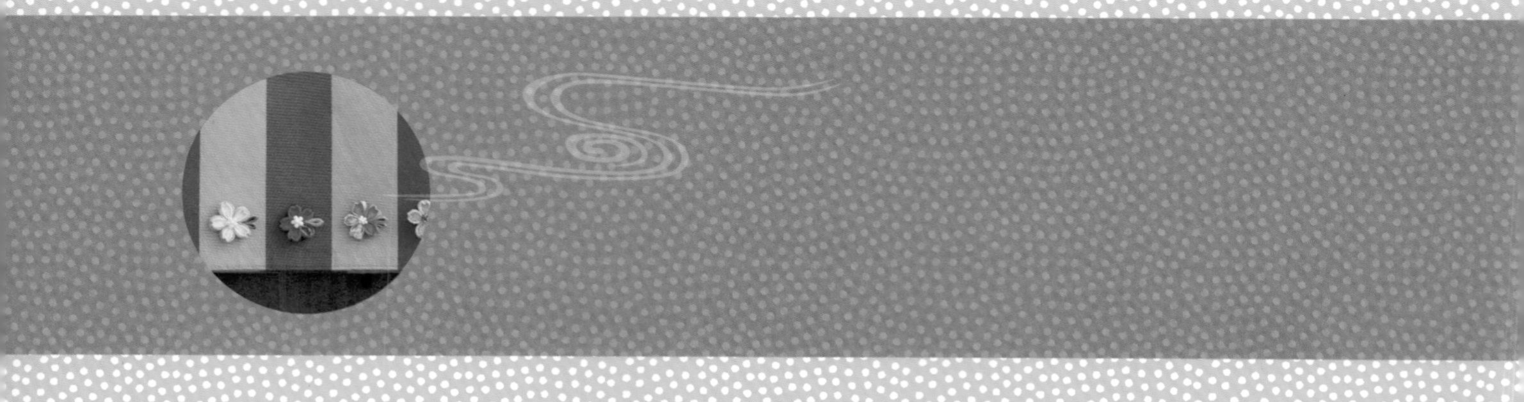